国家规划重点图书

小型农田水利工程管理手册

小型泵站工程
运行管理与维护

中国灌溉排水发展中心　组编

中国水利水电出版社
www.waterpub.com.cn
·北京·

内 容 提 要

　　《小型泵站工程运行管理与维护》分册系《小型农田水利工程管理手册》之一。本分册根据现行标准和各地小型泵站运行管理实践经验编写，主要针对从事小型泵站工程管理工作人员要求，介绍了泵站建筑物和机电设备运行管理与维护等基础知识及基本方法。内容包括建筑物运行管理与维护、水泵机组的运行管理与维护、水泵机组运行中的故障与处理、水泵机组及电气设备维修保养、安全管理等。

　　本分册力求体现管理工作特点及管理人员需求，原理简明，注重实用，主要供基层水利工程管理单位、用水服务组织等技术人员日常管理维护以及技能培训使用，也可供其他从事水利工作的技术人员及大中专学校相关专业师生参考。

图书在版编目（CIP）数据

　　小型泵站工程运行管理与维护 / 中国灌溉排水发展中心组编. -- 北京：中国水利水电出版社，2022.2
　　（小型农田水利工程管理手册）
　　ISBN 978-7-5226-0490-9

　　Ⅰ. ①小… Ⅱ. ①中… Ⅲ. ①泵站－水利工程管理－手册 Ⅳ. ①TV675-62

　　中国版本图书馆CIP数据核字(2022)第026586号

书　　名	小型农田水利工程管理手册 **小型泵站工程运行管理与维护** XIAOXING BENGZHAN GONGCHENG YUNXING GUANLI YU WEIHU	
作　　者	中国灌溉排水发展中心　组编	
出版发行	中国水利水电出版社 （北京市海淀区玉渊潭南路1号D座　100038） 网址：www.waterpub.com.cn E-mail：sales@mwr.gov.cn 电话：(010) 68545888（营销中心）	
经　　售	北京科水图书销售有限公司 电话：(010) 68545874、63202643 全国各地新华书店和相关出版物销售网点	
排　　版	中国水利水电出版社微机排版中心	
印　　刷	天津嘉恒印务有限公司	
规　　格	170mm×240mm　16开本　4.25印张　72千字	
版　　次	2022年2月第1版　2022年2月第1次印刷	
印　　数	0001—3000册	
定　　价	**28.00元**	

《小型农田水利工程管理手册》

主　　编：赵乐诗

副 主 编：刘云波　　冯保清　　陈华堂

《小型泵站工程运行管理与维护》分册

主　　编：周济人　　葛　强　　崔　静

参　　编：邓阿龙　　梁金栋　　张海翎

　　　　　张海胜　　徐建叶

主　　审：李端明

　　水利是农业的命脉。自中华人民共和国成立以来，经过几十年的大规模建设，我国累计建成各类小型农田水利工程 2000 多万处，这些小型农田水利工程与大中型水利工程一起，形成了有效防御旱涝灾害的灌溉排涝工程体系，保障了国家粮食安全，取得了以占世界 6％的可更新水资源和 9％的耕地，养活占世界 22％人口的辉煌业绩。

　　2011 年《中共中央　国务院关于加快水利改革发展的决定》颁布以来，全国水利建设进入了一个前所未有的大好时期，中央及地方各级人民政府进一步完善支持政策，加大资金投入，推进机制创新，聚焦农田水利"最后一公里"，着力疏通田间地头"毛细血管"，小型农田水利建设步伐明显加快、工程网络更加完善，防灾减灾能力、使用方便程度和现代化水平不断提高，迎来了新的发展阶段。站在新的起点上，加强工程管护、巩固建设成果，保证工程长期发挥效益成为当前和今后农田水利发展的主旋律。

　　根据当前小型农田水利发展的新形势和工作实际需要，在水利部农村水利水电司的指导下，中国灌溉排水发展中心组织相关高等院校、科研院所、管理单位的专家学者，总结提炼多年来小型农田水利工程管理经验，编写了《小型农田水利工程管理手册》（以下简称《手册》）。《手册》涵盖了小型灌排渠道与建筑物、小型堰闸、机井、小型泵站、高效节水灌溉工程、雨水集蓄灌溉工程等小型农田水利工程。

　　《手册》以现行技术规范和成熟管理经验为依据，将技术要求具体化、规范化，将成熟经验实操化，突出了系统性、规范性、实用性。在内容与形式上尽可能贴近生产实际，力求简洁明了，使基层管理人员看得懂、用得上、做得到，可满足基层水利工程管理单位与用水服务组织技术人员日常管理、维护及技能培训需要，也可供其他从事水利工作的技术人员及大中专学校相关专业师生参考。《手册》对提高基层水利队伍专业水平，加强小型农田水利工程管理，推进农田水利事业健康发展，可以提供有力的支撑作用。

《手册》由赵乐诗任主编，刘云波、冯保清、陈华堂任副主编；顾斌杰在《手册》谋划、组织、协调等方面倾注了大量心血，王欢、王国仪在《手册》编写过程中给予诸多指导与帮助；冯保清负责《手册》整体统筹与统稿工作，崔静负责具体组织工作。

我国小型泵站数量众多，泵站工程涉及建筑物、机械设备、电气设备、自动化设备等，管理技术含量较高。为加强小型泵站工程管理，确保工程安全高效运行，满足用水需要，更好地发挥泵站效益，特编写《小型泵站工程运行管理与维护》分册（以下简称《小型泵站分册》）。

《小型泵站分册》主要以基层小型泵站管理人员为主要读者对象，较为系统地介绍了小型泵站的建筑物组成、建筑物及机电设备的管理与维护、机电设备常见故障与处理以及安全管理等内容。

《小型泵站分册》由周济人、葛强、崔静主编，邓阿龙、梁金栋、张海翎、张海胜、徐建叶参编，李端明主审。

本分册的编写参考引用了许多文献资料，特向有关作者致以诚挚谢意。同时，在编写过程中，得到江苏省水利厅、江苏省徐州市水利局、盐城市水利局、扬州大学以及有关单位和技术人员的大力支持，在此一并致谢！由于时间仓促和水平所限，本书难免存在疏漏，恳请批评指正。

编者

2021 年 11 月

目录

第一章

概述

第一节　小　型　泵　站

泵站工程是运用泵机组及过流设施传递和转换能量、实现水体输送的水利工程，也是将电（热）能转化为水能进行排灌或供水的提水设施。根据《泵站设计规范》（GB 50265—2010），小型泵站是指流量在 $10m^3/s$ 以下或装机功率在 1000kW 以下的泵站。小型泵站又分为小（1）型和小（2）型两个等级，小（1）型泵站的设计流量为 $10\sim2m^3/s$ 或装机功率为 $1000\sim100kW$。小（2）型的设计流量小于 $2m^3/s$ 或装机功率小于 100kW。小（2）型泵站面广量大，这些泵站一般控制灌溉面积不超过 1 万亩，排水面积不超过 3 万亩。由于小型泵站规模小，机电设备相对简单，管理型式多样，由水利管理部门专门成立的管理所管理，或通过招标确定的专业公司管理，或用水户协会承包管理，也有农户直接管理，等等。

小型泵站由泵站建筑物、抽水机组、电气设备、辅助设备等组成。抽水机组包括水泵、动力机及传动设备。水泵、动力机、传动设备、进出水管路及管路附件的组合体称为抽水装置。电气设备包括供配电和用电设备。辅助设备包括充水设备、排水设备、起重设备、拦污清污设备和消防设备等。

小型泵站水泵类型主要有离心泵、轴流泵、混流泵及潜水泵等。主要工作参数有流量、扬程、功率、效率、转速、气蚀余量、允许吸上真空高度等。离心泵扬程较高，而轴流泵扬程较低，混流泵扬程介于离心泵和轴流泵之间。水泵的型号目前各生产厂家尚未统一，表 1-1 为常用小型水泵型号的说明。

表 1-1　　　　　　　　　常用小型水泵的型号及其说明

水泵类型	型号举例	型号说明
离心泵	8BA-6A	8——泵进口直径为 8in；BA——单级单吸离心泵；6——比转速为 60；A——叶轮已车削
	IS100-65-250	IS——单级单吸式离心泵；100——泵进口直径为 100mm；65——泵的出口直径为 65mm；250——叶轮名义直径为 250mm
	10Sh-9	10——泵进口直径为 10in；Sh——单级双吸卧式离心泵；9——比转速为 90
	250S-39	250——泵进口直径为 250mm；S——单级双吸卧式离心泵；39——额定扬程为 39m
	D25-30×10	D——多级离心泵；25——流量为 25m³/h；30——单级叶轮扬程为 30m；10——串联叶轮的级数为 10
	150D-30×10	150——泵进口直径为 150mm；D——多级离心泵；30——单级叶轮扬程为 30m；10——串联叶轮的级数为 10
混流泵	16HB-50	16——泵进口直径、出口直径为 16in；HB——蜗壳式混流泵；50——比转速为 500
	400HW-5	400——泵进口直径为 400mm；HW——蜗壳式混流泵；5——额定扬程为 5m
	250HD-16	250——泵出口直径为 250mm；HD——导叶式混流泵；16——额定扬程为 16m
轴流泵	14ZLB-70	14——泵出口直径为 14in；Z——轴流泵；L——立式；B——半调节；70——比转速为 700
	350ZLB-4	350——泵出口直径为 350mm；Z——轴流泵；L——立式；B——半调节；4——额定扬程为 4m
潜水泵	14QZ-70	14——泵出口直径为 14in；Q——潜水泵；Z——轴流式叶轮；70——比转速为 700
	250QW-600-15-45	250——泵出口直径为 250mm；QW——潜水污水泵；600——额定流量为 600m³/h；15——额定扬程为 15m；45——配用电机功率为 45kW

　　小型泵站建筑物通常包括进水建筑物、泵房和出水建筑物等。进水建筑物包括取水建筑物、引水建筑物、前池、进水池、进水管道等。泵房是泵站的主体工程，用于安装主机组、电气设备及辅助设备，并为管理人员提供良好的工作环境。出水建筑物主要包括出水管道、出水池、输水

渠（管）道及控制建筑物等。

第二节　小型泵站建筑物型式

　　按抽水装置位置变动与否可将泵房分为固定式和移动式两大类。大部分小型泵站的泵房为固定式，固定式泵站一般有分基型泵房、干室型泵房和湿室型泵房三种结构型式。移动式泵房主要有泵船、泵车两种。泵船既可随水位变化作升降移动，又可作平面移动。泵船主要用于河网湖区，体积小，灵活机动。泵车用于水源水位变化幅度较大的地区，如用于从水库取水的泵站。

一、固定式泵房结构型式

1. 分基型泵房

　　这种泵房的房屋基础与机组基础分开，无水下部分，如图 1-1 所示，结构简单，施工方便。由于机组基础与房屋基础分开，机组运行时的振动不影响整个泵房。泵房高于水源水位，通风、采光和防潮条件都较好，机组运行、检修方便。这类泵房适用于水源水位变幅较小、安装卧式离心泵及蜗壳式混流泵机组的场所。

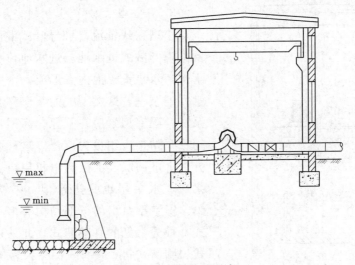

图 1-1　分基型泵房

2. 干室型泵房

在水源水位变幅较大时，若采用分基型泵房在高水位时易造成向泵房内渗水，影响泵站的安全和正常运行，可将泵房底板和侧墙用钢筋混凝土整体浇筑，形成一个不透水的泵室，这类泵房称为干室型泵房，如图1-2所示。干室型泵房的平面形状主要为矩形，在水位变幅较大的河流或水库取水泵站，型式有圆形、潜没式等。

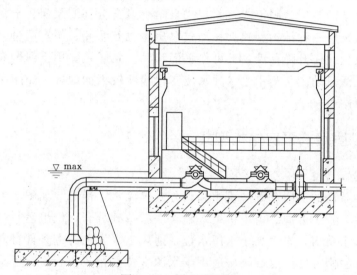

图1-2　干室型泵房

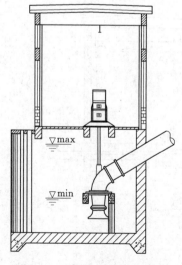

图1-3　墩墙式湿室型泵房

3. 湿室型泵房

小型立式轴流泵和导叶式混流泵机组常采用开敞式进水池。进水池位于泵房的下部，水泵置于池内，形成一个具有自由水面的泵室，这类型式的泵房称为湿室型泵房。湿室型泵房在平原、河网地区的低扬程泵站中应用最为广泛。这种泵房一般分为上下两层，上层为电机层，下层为水泵层，水泵层也是进水池，结构较为简单。湿室型泵房的下部结构有多种不同型式，最为常见的有墩墙式，此外还有排架式、圆筒式等。图1-3所示为应用最多的墩墙式湿室型泵房。

4. 潜水泵泵房

小型潜水泵泵房上部结构较为简单，一般主要布置电气设备。小型潜水泵站机组的安装方式一般有三通式出水安装、弯管式出水安装、落地式安装及开敞式安装等型式，如图 1-4 所示。

二、移动式泵房结构型式

1. 泵船

泵船又称为机船、浮船式泵站，小型泵船的类型有木船、钢船等，在船上安装抽水机组。泵船可以根据用水需要开到不同的出水池处供水，也可在一处仅为一个出水池或出水管道供水。在水源水位变幅较大的河流，泵船一般向岸坡上敷设的固定输水斜管供水，斜管上每隔一定的高差设一个进水叉管。水泵出水管与岸坡进水叉管之间可用橡胶软管连接，两端用法兰连接；也可用钢管作连接管，两端用球形万向接头连接。

2. 泵车

泵车又称为缆车式泵站，由泵车、坡道、管道、牵引设备等部分组成。泵车由绞车牵引，可沿轨道上下移动以适应水源水位的变化。泵车上安装抽水机组。坡道上设置泵车轨道、轨床（轨道的基础）和固定输水斜管。水泵出水管与固定输水斜管的接头叉管之间采用曲臂式连接管，管径小于 400mm 时，可采用橡胶管。在岸边最高洪水位以上布置绞车房，泵车的牵引设备包括绞车、钢丝绳、滑轮组、导向轮等。

三、进出水建筑物

1. 进水建筑物

进水建筑物主要包括引水涵闸、引渠、前池、进水池等。

在多机组的情况下，泵站进水池的宽度比引渠底宽大，因此需在引渠和进水池之间设置一连接段，这就是前池，其作用是为了保证水流在从引渠流向进水池的过程中能够平顺地扩散，为进水池提供良好的流态。前池分为正向进水前池和侧向进水前池两种基本类型。

进水池是供水泵或吸水管直接吸水的水工建筑物，具有自由水面，也称开敞式进水池。进水池的主要作用是进一步调整从前池进入的水流，为水泵进口提供良好的进水条件。如果进水池内流态较差，甚至还有漩涡，

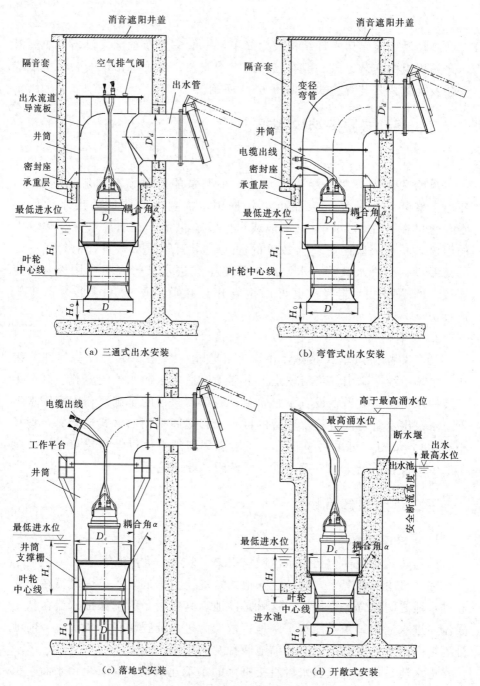

（a）三通式出水安装 （b）弯管式出水安装

（c）落地式安装 （d）开敞式安装

图 1-4 小型潜水电泵的几种安装方式

不仅会显著降低水泵的性能，还可能导致水泵机组振动、严重时泵机组无法工作。

进水管道一般采用钢管或铸铁管。为保证良好的进水流态，减少水力损失，便于安装、检修，应尽量减少进水管长度及附件。管线布置应平顺、转弯少。管路应严密，不漏气。

2. 出水建筑物

出水建筑物主要包括出水管道、出水池、压力水箱、出水涵闸、出水渠等。

出水管道又称压力管道。通常采用铸铁管、钢管、钢筋混凝土管及预应力钢筋混凝土管等。出水管道上的附件较多，有弯管、渐扩管、闸阀、逆止阀、伸缩节、拍门、通气孔等。管道的布置形式可分为单机单管和多机一管的并联管路。铺设方式有明式和暗式两种。对于高扬程泵站，应采取措施防止水锤破坏，以确保工程安全。

出水池的主要作用是汇集各水泵的出水并向出水渠道（河道）输水。在堤后式排涝泵站中，常采用压力水箱出水。为了承受较大的压力，压力水箱采用钢筋混凝土箱形结构。压力水箱式出水结构一般由压力水箱（也称汇水箱）、出水箱涵和出口防洪闸组成。

第二章

建筑物运行管理与维护

泵站建筑物主要包括进水建筑物、泵房、出水建筑物及附属建筑物等。本章主要介绍泵房和进、出水建筑物管理的主要内容、检查观测和养护维修。

第一节　建筑物管理的主要内容

泵站建筑物管理主要包括以下内容：

（1）明确工程管理范围，配合办理确权发证手续。

（2）制定建筑物管理的各项规章制度，落实管理工作责任制。

（3）做好建筑物的日常维修养护，及时清除进出水池杂草及边坡上的冲积物、堆积物。

（4）建筑物的定期维修。

（5）严格按照运行规程，做好泵站建筑物运行管理。

（6）做好防火、防盗及其他安全生产防范工作，落实安全生产责任制。

（7）大雨、洪水及地震等重大自然灾害后，及时对建筑物进行检查并上报检查情况。

（8）做好建筑物的检查、观测及资料整理，做好档案整理、分析及归档工作。

（9）严寒地区应根据当地的具体情况，对建筑物采取有效的防冻、防冰措施。

第二节　建筑物的检查观测

一、建筑物的检查

小型泵站建筑物的检查一般包含经常检查和定期检查。

1. 经常检查

经常检查是指泵站工程管理人员用眼看、测量等方法，对泵房和进、出水建筑物进行的经常性观察和巡视，可以及时发现工程隐患或事故苗头。在非运行期间，一般每月不少于一次；运行期间，一般每个工作班应对建筑物的主要部位检查一次。当建筑物遭受到不利因素影响，如超设计标准运行时，还应对容易发生问题的部位增加检查次数。

2. 定期检查

建筑物定期检查一般包括以下内容：

（1）管理范围内无爆破、取土、埋坟、建窑、倾倒和排放有毒或污染的物质及其他危害工程安全的活动；环境是否整洁、美观。

（2）土工建筑物有无雨水淋沟、塌陷、裂缝、渗漏、管涌、滑坡、冲刷、淤积和蚁穴、洞穴等；与建筑物连接处有无渗漏等现象。

（3）石工建筑物的块石护坡有无松动、塌陷、隆起、底部掏空、垫层散失；墩、墙有无倾斜、沉降、滑动、开裂、勾缝脱落；排水设施有无堵塞、损坏等现象。

（4）混凝土建筑物有无裂缝、渗漏、剥蚀、露筋及钢筋锈蚀；伸缩缝止水有无损坏、漏水及填充物的流失等情况。

（5）水下工程有无淤积、冲刷、渗流破坏；水流是否平顺，有无折冲水流、回流、漩涡等不良流态。

（6）泵房、启闭机房等房屋建筑物有无裂缝、渗漏、倾斜、粉刷层脱落；门窗、玻璃是否完整，屋顶应不漏水，天沟及落水斗、落水管排水是否通畅，室外排水是否畅通等。

（7）闸门、拦污栅、清污机等金属结构有无表面涂层剥落、变形、锈蚀、焊缝开裂、螺栓松动；启闭设备是否运转灵活、安全等。

（8）照明、通信、安全防护设施及信号、标志是否完好。

（9）北方冬春季节，应检查建筑物表面的冰盖厚度，冰压对建筑物的影响等。

二、建筑物的观测

小型泵站建筑物管理主要观测河道水位与水质，混凝土结构沉降、表面裂缝与损坏，砌体结构的沉降变形与损坏，土体的冲沟、坍塌、渗漏等。

检查观测工作应保持系统性和连续性，同时，应按照规定的内容（或项目）、测次和时间进行。检查观测应做到"四随"（即随观测、随记录、随计算、随校核）、"四无"（即无缺测、无漏测、无不符合精度、无违时）、"四固定"（即固定人员、固定设备、固定测次、固定时间）。检查观测情况要有文字记录，观测成果要真实，数据要准确，精度符合要求，不得任意涂改。检查观测资料要及时整理、分析、归档，发现重大问题应及时上报。观测设施要妥善保护，观测仪器和工具应定期校验、维修。

第三节　建筑物的养护维修

泵站工程建筑物在长期使用过程中，由于自然和人为因素的影响，不可避免地发生老化或遭受不同程度的损坏，如不及时养护维修，会直接影响工程运行安全及供、排水的可靠性，缩短建筑物的使用寿命。做好建筑物的养护维修工作，是管好用好泵站工程的基础。

一、建筑物养护维修的分类

小型泵站建筑物的养护维修工作可分为养护、岁修两种类型。养护是对经常检查发现的缺陷和问题，随时进行保养和局部修补，做到小坏小修，随坏随修，防止缺陷扩大和带病运行，以保持建筑物完好。岁修是指每年对汛后全面检查和观测发现的建筑物的损坏问题，所进行必要的整修、局部改善和配套。管理单位应编制岁修计划，报主管部门批准后实施。

二、土石工程的养护维修

当堤坡出现雨淋沟及集中冲坑时，应及时填土修补。如堤坡发生纵向干缩裂缝或冰冻裂缝，且深度小于 0.5m、宽度小于 5mm 时，一般可采取封闭缝口处理；深度不大的表层裂缝，可采用开挖回填处理。

对于非滑动性的内部深层裂缝，宜采用灌浆处理；对自表层延伸至堤坝深部的裂缝，宜采取上部开挖回填与下部灌浆相结合的方法处理。

翼墙后填土发生下陷时，应及时填土夯实，并保证墙后排水系统畅通。

砌石护坡、护底应嵌结牢固，表面平整。如出现松动、塌陷、隆起、错位、底部掏空、垫层散失等现象，应及时按原状修复。浆砌块石护坡应平整，如有塌陷、隆起，应重新翻修；勾缝脱落或开裂，应清洗干净后重新勾缝。浆砌块石墙身渗漏严重的，可采用灌浆处理；墙身发生倾斜或滑动迹象时，可采用墙后减载或墙前加撑等方法处理。墙基出现冒水冒沙现象，应立即采用墙后降低地下水位并增设反滤设施等方法处理。

进（出）水池、涵闸的防冲设施（防冲槽、海漫等）遭受冲刷破坏时，一般可采用加筑消能设施或抛石笼、石枕和抛石等办法处理。进（出）水池、涵闸的反滤设施、减压井、导渗沟、排水设施等应保持畅通，如有堵塞、损坏，应予疏通、修复。发现有流土、管涌现象时，要及时降低上游水位，查明原因，进行修复，以免淘空建筑物底板下基础，引起重大事故。

三、混凝土的养护维修

混凝土或钢筋混凝土表面应保持清洁完好。苔藓、芥贝等附着物应定期清除；混凝土结构脱壳、剥落和机械损坏时，可根据损坏情况，分别采用砂浆抹补、喷浆或喷混凝土等措施进行修补；钢筋混凝土保护层受到侵蚀损坏时，应根据侵蚀情况分别采用涂料封闭、砂浆抹面或喷浆等措施进行处理，并应严格控制修补质量；如果露筋较多或钢筋锈蚀严重，应进行强度核算，并进行加固处理。

混凝土出现裂缝后，应加强检查观测，查明裂缝性质、成因及其危害程度，据以确定修补措施。混凝土的微细表面裂缝、浅层缝及缝宽小于表 2-1 所列裂缝宽度最大允许值时，可不予处理或采取涂料封闭。缝宽大于规定时，则应分别采用表面涂抹、表面粘补、凿槽嵌补、喷浆或灌浆等措施进行修补。对影响结构强度的应力裂缝和贯通缝，应采取凿开锚筋回填混凝土、钻孔锚筋灌浆等补强措施。混凝土裂缝的修补应在裂缝开展基本稳定后进行，并宜在低温季节开度较大时进行。不稳定裂缝应采用柔性材料修补。

表 2-1　　　　　　**钢筋混凝土结构裂缝宽度最大允许值**　　　单位：mm

区域部位	水上	水位变动区		水下
		寒冷地区	温和地区	
裂缝宽度	0.20	0.15	0.25	0.30

注　温和地区指最冷月平均气温为 -3℃ 以上的地区，寒冷地区指最冷月平均气温为 -3～-10℃ 的地区。

混凝土结构的渗漏，应结合表面缺陷或裂缝进行处理，并应根据渗漏部位、渗漏量大小等情况，分别采用砂浆抹面或灌浆等措施。伸缩缝填料如有流失，应及时填充。止水损坏，可用柔性材料灌浆，或重新埋设止水予以修复。

进（出）水池、涵闸消力池、门槽范围内的淤泥、砂石、杂物应定期清除。建筑物上的进水孔、排水孔、通气孔等均应保持畅通。桥面排水孔的泄水应防止沿板和梁漫流。

四、泵房的养护维修

应保持泵房、启闭机房的门窗、玻璃完整，墙体无裂缝，屋面、墙体无渗漏，室外排水畅通，以免雨水进入房内，影响设备的安全。泵房、启闭机房内应保持清洁卫生，防止灰尘进入设备。应经常对房屋结构如墙身、墩、柱、梁、板以及相互之间的连接处进行检查，如有裂缝应查明裂缝性质、成因及其危害程度，据以确定修补措施，尽可能保护结构的完整性。应加强对泵房与检修间沉降缝的检查处理，防止沉降过大，造成屋面排水进入泵房。

五、金属结构的养护维修

泵站金属结构包括金属闸门、启闭机、拦污栅、金属管道、阀门及拍门等。

金属闸门应涂层良好，无严重锈蚀，无明显的变形损伤，滚轮转动灵活，底止水及侧止水良好，无漏水现象。

启闭机防护罩、机体表面保持清洁。电机绝缘符合规定，接地良好，运行正常。传动齿轮无损坏，润滑、契合良好。传动轴无弯曲变形，无锈蚀。联轴器无锈蚀，连接紧固，转向指示清晰。轴承润滑良好，无渗漏油现象，运行时无异常声响。动力系统内部电气元件整齐无老化，布线规整，控制台按钮灵活，操作指示清晰。控制系统动作可靠，限位装置准确可靠。润滑系统注油设施可靠，油路、油质、油量符合规定。

卷扬式启闭机钢丝绳无断丝、变形，滑轮组转动灵活，制动系统制动可靠。液压式启闭机油系统运行可靠，无渗油现象，油管标识清晰规范，指示仪表定期校验。螺杆式启闭机螺杆无弯曲变形、锈蚀，丝杆和螺母无严重磨损，加油适当，运转灵活。

拦污栅应无严重锈蚀、变形和栅条缺失。栅前的杂草杂物应及时清除，以减小过栅水头损失和承压荷载，保持良好水流状态。拦污栅、清污机连接紧固件应保持牢固，运转部位应定期加油，保持润滑良好，转动灵活。

金属管道无裂纹，支承牢固。管道与管道接头处无错位。密封垫未老化，密封良好。管道上的阀件、拍门无裂纹，密封良好，启闭灵活。

寒冷地区在冰冻期间对管道、阀门应采取有效的防冰冻措施。

所有金属结构应定期进行除锈防腐处理。

第三章

水泵机组的运行管理与维护

水泵机组是泵站的核心设备，泵站的其他设备都是为了保证水泵机组的安全运行。

第一节　机组起动前的检查

为保证水泵机组的安全运行，水泵起动前应对水泵机组、工程设施做全面仔细检查，以便及时发现问题并处理。

一、前池、出水池及管道的检查

主要检查以下内容：

（1）前池水位是否高于最低运行水位。泵站运行时吸水管管口应有足够的淹没速度，否则容易导致进口产生漩涡，导致机组运行时振动或电机超载。

（2）前池边坡是否有坍塌，池内是否淤积，水中是否有较多的漂浮物。

（3）出水池是否有裂缝、混凝土脱落等现象。

（4）检查在静水压力下泵站进出口闸门的密封性和可靠性，检查闸门启闭设备是否安全可靠。

（5）检查管道镇墩及支墩等支承是否牢固、管道有无裂纹、管道连接是否牢固以及防水锤设备运行状态是否可靠。

（6）检查管道内是否有残存物，管道密封性能是否良好。检查管道各阀件是否完好无损、阀件的启闭位置是否准确，断流设施是否可靠，通气孔是否堵塞。

（7）安全警示标志、设施是否齐全、完好等。

二、水泵的检查

主要检查水泵和电机的地脚螺栓以及其他连接螺栓是否松动或脱落，盘动联轴器或皮带轮以检查机组转动是否灵活，泵内是否有不正常的声音和异物，检查填料压盖的松紧程度是否合适，检查水泵、电机联轴器是否可靠，传动皮带松紧度是否正常，检查水封渗漏是否符合规定，检查油轴承或橡胶轴承水冷却或润滑情况，检查油轴承油盆油位及轴承密封的密封性，检查转动部件处安全防护措施是否完好等。

三、电动机的检查

主要检查电动机固定螺栓、螺母是否紧固，以防受振时松动，电动机的绝缘电阻是否符合要求，电动机的相序是否正确，电机旋转方向是否正确，接线是否牢固，记录运行环境的温度与湿度。

四、其他设备的检查与试运行

主要检查主机起动设备是否安全可靠，主机保护设施是否完好，电气信号的指示是否正确，相关安全用具是否可靠等。

第二节 机 组 起 动 操 作

一、机组开停机操作方式

运行操作方式一般分为现地操作（手动操作）和自动操作两大类。

1. 现地操作

（1）单独操作。单独操作是指在运行操作时，主机与辅助设备的分开操作，由操作人员一边单独地分别进行操作，一边检查和确认各设备的动作情况。这种方式一般用于规模小、装机台数少的泵站。

（2）联动操作。联动操作是指主机、闸阀、辅助设备等只进行一次操作，各设备可按顺序连续动作的操作方式。各设备之间应配备必要的相互联锁的保护电路，这种操作方式目前在小型泵站中应用较少。

2. 自动操作

自动操作是指由自动化控制装置根据运行状态的要求发出指令，自动进行开机或停机等操作。

二、机组空载试运行

机组起动前检查合格后即可进行起动，机组第一次起动，建议用手动操作方式进行，有条件的可以进行空载起动。空载起动是检查转动部件与固定部件是否有碰磨，轴承温度是否稳定，摆度、振动是否合格，各种表计是否正常，油、气、水管路及接头、阀门等处是否渗漏，测定电动机起动特性等有关参数。对试运行中发现的问题要及时处理。

待上述各项测试工作均已完成后，即可停机。停机后可进行带负载起动。

三、机组带负载起动

离心泵在抽真空充水前，应将出水管路上的闸阀关闭。在充水后应把抽气管或灌水装置的阀门关闭，同时起动动力机。如无异常现象，可将出水管路上的闸阀打开并尽快开到最大位置，完成整个起动过程。开启闸阀的时间要尽量短，一般为 3～5min。当水泵出口装有压力表时，起动前应将其关闭，出水正常后再将其打开，以免当闸阀关死时，泵内的压力超过表的量程而损坏压力表。

离心泵应闭闸启动，这是因为闸阀关闭时的启动负载较小，可以减小电机的启动电流。为了安全运行起见，必须设法使电动机在轻载情况下启动，待进入正常运行后，再将负载增加到额定数值。蜗壳式混流泵的起动与离心泵相同。

小型轴流泵或导叶式混流泵的起动比较简单。在检查及准备工作完成后，只要加水润滑橡胶轴承即可启动，待水泵出水后可不再加水，靠它自身的水压力润滑。但当抽泥沙含量较高的水时，橡胶轴承还应用清水润滑。

第三节　机组运行中的巡查与维护

一、机组运行中的巡查

水泵机组运行过程中，值班人员巡查应注意以下事项：

（1）机组有无异常响声和振动。水泵在正常运行时，机组平稳、声音正常连续而不间断。不正常的响声和振动往往是故障发生的前兆，遇此情况，应立即停机检查，排除隐患。

（2）轴承温度和油量的检查。水泵运行中应经常用温度表或测温计测量轴承的温度，并查看润滑油是否足够。一般滑动轴承的最大允许温度为 70℃，滚动轴承的最大允许温度为 90℃。在实际工作中，如没有温度表或测温计，也可以用手触摸轴承座，如果感到烫手时，说明温度过高，必须停机检查。

轴承内的润滑油脂要注意定期更换。对于用机油润滑的轴承，每运行500h 应更换一次；用黄油润滑的滚动轴承，每运行 2000h 后也应更换新黄油。更换时，应将轴承用汽油清洗干净后再加新油。水泵轴承一般采用钙基润滑脂，它不溶于水，但不能耐高温。电动机轴承一般用钠基（"Y"系列电动机采用锂基）润滑脂，它能耐高温（可达 125℃），但易溶于水，所以两种牌号不能用错。

轴承内的润滑油量要适中，油脂添得太多，使轴承旋转部分和油脂间产生摩擦而发热；如果油脂供应量不足，滚珠和滚道之间不能形成油膜，会因摩擦加剧而发热。根据经验，润滑油一般加至轴承箱的 1/2～2/3 为宜。对于用机油润滑的轴承，油量要加到油标尺所规定的位置。

（3）电动机绕组的温度。如果温度过高，必须立即停机检查。

（4）仪表指针的变化。一般泵站都装有电流表、电压表和功率表，有的泵站还装有真空表和压力表。在运行正常的情况下，仪表指针应基本稳定在一个位置上。如仪表指针有剧烈变化和跳动，应立即查明原因。对电动机，应注意电流表的读数是否超出额定值。一般不允许电动机超载运行。

（5）填料函压盖松紧度。所用的填料要符合要求，填料装配时，要一圈一圈放入，一般用 5～6 圈，不能太少或太多。对于离心泵，还要求水封环对准水封管的开口。压盖不可过紧或过松，过紧时会增加磨损，消耗功率，严重时还会发热烧损填料和泵轴；过松时会使漏水量增大，或使空气进入泵内，影响水泵正常运行。卧式水泵压盖法兰上面的小孔，安装时要注意向下，以便使漏出的水从孔中流走。

（6）水泵气蚀情况。水泵发生气蚀与泵本身的性能、过流部件的材料、制造工艺水平、运行工况等密切相关。在运行中，应注意进水位的变化，如进水池水位低于设计最低运行水位，水泵应停止工作，以免发生气蚀，损坏叶轮和其他零部件。注意观察进水流态，要求进水池内的水流平稳均匀，不产生漩涡，避免水中夹气进入叶轮，引起气蚀振动。

（7）进水池的防污和清淤。及时清除水泵进水口或进水池拦污栅前的漂浮物，以防止吸入水泵，使水泵效率下降，甚至损坏叶片和导叶。进水池中的泥沙淤积，会使进水流态发生变化，影响水泵效率，应及时清淤，使水流畅通，流态均匀。对于多机组共用的进水池，运行时，要合理调度，对称开机轮换运行，以减少池内泥沙的淤积。

（8）值班人员在机组运转中要做好记录。在水泵发生异常现象时，应增加观测和记录的次数，并分析原因，及时进行处理。交班时要将在本班运行中发现的问题和现象交代清楚，以便引起下一班人员的注意。

二、机组日常检查和保养维护

水泵机组日常检查和保养维护的主要工作内容如下。

1. 水泵

（1）检查并处理易于松动的螺栓或螺母。如水泵固定的地脚螺栓、螺母，拍门铰座螺栓、轴销、销钉等，水泵轴封装置填料的松紧程度，空气压缩机阀片等。

（2）油、水、气管路接头和阀门渗漏处理。

（3）检修闸门吊点是否牢固，门侧有无卡阻物、锈蚀及磨损情况。

（4）闸门启闭设备维护。

（5）机组及设备本身和周围环境保洁。

2. 电动机

（1）保持电动机环境干燥。起动前应测量电动机绝缘电阻，保证绝缘电阻符合要求。

（2）电动机在正常运行时的温度不应超过允许的限度。运行时，值班人员应经常注意监视各部位的温升情况。

（3）监视电动机负载电流。电动机过载或发生故障时，都会引起定子电流剧增，使电动机过热。电气设备都应有电流表监视电动机负载电流，正常运行的电动机负载电流不应超过铭牌上所规定的额定电流值。

监视电源电压、频率的变化和电压的不平衡度。电源电压和频率的过高或过低，三相电压的不平衡都会造成电流不平衡，都可能引起电动机过热或其他不正常现象。电流不平衡度不应超过 10%。

（4）电动机的气味、振动和噪声。绕组温度过高就会发出焦味。有些故障，特别是机械故障，很快会反映为振动和噪声，因此在闻到焦味或发现不正常的振动或碰擦声、特大的嗡嗡声或其他杂音时，应立即停机检查。

（5）经常检查轴承发热、漏油情况，定期更换润滑油。滚珠轴承及滚柱轴承工作约 2000h，即需更换润滑油一次。轴承用于多灰尘和潮湿环境中时，应经常地更换润滑油，油脂牌号为 ZL-3 号锂基润滑脂。滚动轴承润滑脂不宜超过轴承室容积的 70%。

（6）注意保持电动机内部清洁，不允许有水滴、油污以及杂物等落入电动机内部。电动机的进风口必须保持通畅。

（7）电动机运行时，应备有值班记录本，系统记录如下内容：电流表、电压表及功率表等表计的读数；电动机起动、停车和停车原因；轴承温度；室温；热继电器（如有）读数等；以及电动机和传动装置在工作中的不正常现象；检查及日常修理情况等。

3. 潜水电泵

（1）检查电源线有无破损，严禁漏电的潜水电泵运行，保证电机在工作时不漏电。

（2）作业结束后，应及时清理附在水泵上的杂物，将水泵冲洗干净。

（3）潜水电泵在使用前，须测量电机绝缘电阻，最低不能小于 0.5MΩ。

（4）湿定子电机应打开灌水螺塞，灌满洁净的清水后再拧紧螺塞，不可将灌水螺塞拧掉后直接入井。

（5）电源电压应控制在额定电压的 ±5% 范围内，如果电压过低或过高，电机不可继续使用，以免电机长期在过电压或欠电压下工作时损坏。

（6）潜水电泵潜入水中时应垂直吊放，不得斜放。

（7）潜水电泵不宜输送含砂量较高的水或泥浆。潜水电泵实际扬程宜在 0.8～1.1 倍额定扬程内使用，以提高机组效率、节约能源，同时避免电机超载。

（8）潜水电泵长期运行使用的，累计运行半年后，应定期维修检查，及时更换损坏零件。

（9）潜水电泵停用后，湿定子电机应放净电机内清水，将电泵清洗干净，涂油防锈，并竖直放在干燥处保管。

第四节　机　组　停　机　操　作

对离心泵，应先关闭压力表，然后慢慢关闭出水管上的闸阀，再关闭真空表，最后停机。蜗壳式混流泵停机操作同离心泵。小型轴流泵可直接切断电源，使机组停止运行。

水泵停机后，应及时清扫现场，将水泵和动力机表面的水和油渍擦拭干净。冬季停机后，为防止管道和机组内的积水结冰冻裂设备，应及时打开泵体下面的放水塞放空积水。对一些在运行中无法处理的问题，要在停机后安排时间及时处理，使机组处于随时可以起动的良好状态。

第四章

水泵机组运行中的故障与处理

第一节　水泵常见故障与处理

一、水泵故障的成因与检查方法

水泵常见的故障可分为水力故障和机械故障两类。抽不出水或是出水量不足、发生气蚀现象等均为前一类故障；泵轴和叶片断裂、轴承损坏等则属于后一类故障。发生故障的原因很多，主要是由于设备制造质量不高，选用与安装不正确，操作保养不当，长期使用，易损零部件未予修理、更换和维护不好等引起的。因此，在发生故障时，首先应详细了解故障发生时的情况，以便分析发生故障的原因。水泵故障停机后，不要急于拆卸机器，应先根据故障发生时的情况，分析判断故障点位置，然后决定是否需要拆卸机件进行检查或修理。

水泵故障可能有不同的表象，而同一表象也可能由不同的故障引起，因此要对故障有一个正确的判断方法。在弄清故障发生的经过及具体表象后，通过"望、闻、听、切、思"，从简单的故障原因查起，找出真正的原因，然后提出解决方法。

二、水泵故障的分析与处理

离心泵、蜗壳式混流泵的故障原因及处理方法见表 4-1，轴流泵的故障原因及处理方法见表 4-2。

表 4-1　　离心泵、蜗壳式混流泵的故障原因及处理方法

故障现象	原　　因	处　理　方　法
泵灌不满水	1. 底阀闭合不严； 2. 吸水管路漏水、漏气； 3. 抽真空管路漏气； 4. 填料函松动、漏气； 5. 拍门关闭不严、漏气	1. 检修底阀或更换； 2. 检修吸水管路，更换密封垫，堵漏； 3. 检修抽真空管路，堵漏； 4. 压紧填料压盖或更换填料； 5. 封堵拍门间隙
水泵不转或电动机堵转	1. 叶轮与泵体之间被杂物卡住或堵塞； 2. 泵轴弯曲； 3. 泵轴或轴承锈死； 4. 轴承损坏； 5. 填料太紧； 6. 叶轮与密封环锈死，或间隙太小； 7. 安装不符合要求，转动部分与固定部分失去间隙； 8. 电动机负荷太大，功率不配套； 9. 电动机有故障或电压太低； 10. 水泵停机时未放水，或放水未尽而结冰	1. 拆开泵体，清除杂物； 2. 校正或更换泵轴； 3. 拆开清洗，加润滑油； 4. 更换轴承； 5. 放松填料，进水润滑冷却； 6. 拆开除锈或更换密封环； 7. 重新装配； 8. 降低转速或更换电动机； 9. 排除故障或待电压正常后再开机； 10. 加热化冰后再起动，注意停机后放水
水泵不出水	1. 充水不足或真空泵未将泵内空气抽尽； 2. 进水管管口淹深不足或进水管漏气严重； 3. 泵体及填料函处严重漏气； 4. 底阀锈住或被杂物卡住或被淤泥淤堵； 5. 装置扬程超过泵的总扬程，水泵转速太低； 6. 装置吸程太高； 7. 水泵反转； 8. 水泵叶轮损坏严重； 9. 叶轮螺母及键脱出； 10. 进水管安装位置不正确，内有气囊存在	1. 排除故障，继续充水或抽气； 2. 吸水口应下落至动水位以下或处理进水管漏气； 3. 检查泵体连接处，压紧或更换填料； 4. 底阀除锈，清除杂物和淤泥； 5. 更换水泵或适当提高转速； 6. 降低水泵安装高程或进水位抬高后运行； 7. 更改转向； 8. 更换新叶轮； 9. 修理紧固； 10. 改装进水管道，消除隆起部分

故障现象	原　　因	处　理　方　法
水泵出水量不足	1．进水管口淹没深度不够，空气吸入泵内； 2．进水管路接头处或填料函漏气； 3．进水管路的滤网或叶轮缠有水草杂物； 4．底阀、逆止阀、闸阀开启不够； 5．管路太细，底阀或进口太小，损失增加； 6．装置吸程或装置总扬程超高； 7．动力不足，使原转速下降； 8．配套动力机转速偏低； 9．口环或叶轮磨损间隙大或局部损坏； 10．几个进水管排列过密，水面有漩涡，吸入空气	1．增加淹没深度或在进水管附近水面上铺放木板，阻止空气进入； 2．堵塞漏气处，调整填料； 3．清除杂物； 4．清除障碍，适当开启闸阀； 5．更换管道或底阀； 6．降低安装高程，减少管路损失； 7．加大动力； 8．调整到额定转速或更换电机； 9．更换口环或叶轮； 10．加大排列间距，或采取消涡措施
水泵耗用功率大	1．水泵转速偏高； 2．泵轴弯曲； 3．填料压得太紧； 4．流量或扬程超过使用范围； 5．直联两轴不同心或皮带过紧； 6．叶轮螺母松脱，叶轮与泵有摩擦声； 7．泵内有泥沙和杂物； 8．轴承磨损过重或损坏； 9．转动部件有摩擦； 10．泵轴轴颈部位锈蚀严重	1．调整转动比，降低转速； 2．校正或更换泵轴； 3．旋松压盖螺钉或调整填料； 4．关小出水闸阀，降低轴功率； 5．校正机泵同心度，适当放松皮带； 6．拧紧螺母； 7．清除泥沙或杂物； 8．更换轴承； 9．调整、修理或更换摩擦件； 10．拆泵，除锈
水泵有杂声和振动	1．水泵基础不稳固或地脚螺栓松动； 2．联轴器不同心或接合不好； 3．轴弯曲或轴承磨损严重； 4．转动部件松动或破裂； 5．泵转子平衡性差； 6．闸阀阀片活动； 7．吸程过高，吸水管有空气渗入； 8．进水管路淹没深度不够，产生气蚀； 9．管路不牢，支撑不稳； 10．泵流量过大； 11．水温过高产生气蚀	1．加固基础，拧紧地脚螺栓； 2．校正调整； 3．校直或更换泵轴，更换轴承； 4．消除松动，更换破裂件； 5．进行静平衡试验调整； 6．调整后，正确安装； 7．降低安装位置，堵塞漏气； 8．降低吸水管管口，或采取消涡措施； 9．紧固管路，稳定支架； 10．适当关闭闸阀； 11．降低吸程或降低转速

续表

故障现象	原　　因	处　理　方　法
轴承发热	1. 润滑油量不足，轴承干磨或油不清洁； 2. 润滑油失效或加得太多； 3. 轴承装配不正确或间隙不适当； 4. 轴承损坏； 5. 联轴器不同心或轴弯曲； 6. 轴向推力过大； 7. 轴承压盖压得太紧； 8. 轴承已磨损或松动； 9. 皮带太紧； 10. 水漏到轴承盒内将油冲掉	1. 加油或换油保养； 2. 换新润滑油，油量要适度； 3. 检查后正确装配； 4. 更换轴承； 5. 调整同心度，校正或更换泵轴； 6. 在叶轮上钻平衡孔； 7. 适当调整间隙； 8. 检修或更换轴承； 9. 调整松紧程度或另设皮带轮支架； 10. 加填料密封，换新油
填料函发热或漏水过多	1. 填料压得太紧； 2. 水封环位置不对，填料函不进水，发生干磨； 3. 填料磨损过多或轴套磨损； 4. 填料材质不符合要求或变质老化； 5. 填料缠法不正确； 6. 轴弯曲或摆动； 7. 轴或轴套表面有损伤； 8. 轴承磨损大，泵轴晃动	1. 调整压盖的松紧程度； 2. 调整水封位置，使其正好对准水封管口； 3. 更换填料或轴套； 4. 填料为棉质方形，浸入牛油中煮透，外面涂上黑铅粉； 5. 取出，按正确方法缠绕； 6. 校直或更换泵轴； 7. 修理损伤处； 8. 更换轴承

表 4-2　　　　　轴流泵的故障原因及处理方法

故障现象	原　　因	处　理　方　法
电动机超负荷	1. 装置扬程过高，出水管有堵塞或管路拍门开启角度过小； 2. 水泵超转速； 3. 橡胶轴承磨损，泵轴弯曲，叶片外缘与泵壳摩擦； 4. 叶片缠有杂草、杂物； 5. 进水池内产生漩涡； 6. 水源含沙量大，增加了水泵的轴功率； 7. 叶片安装角度过大； 8. 水泵流量偏大，扬程偏高，配套不当	1. 增加动力，清理出水管路或拍门后设置平衡锤； 2. 转速降至额定值； 3. 更换橡胶轴承，检查叶片磨损程度，重新调整安装； 4. 清除杂物，进水口加设拦污栅； 5. 改造进水池，或采取消涡措施； 6. 含沙量超过12%时，则不宜抽水； 7. 减小叶片安装角度； 8. 适当降低转速，更换配套的动力机

续表

故障现象	原　因	处　理　方　法
水泵出水量减少	1. 叶片外圆磨损或叶片损坏； 2. 装置扬程超高或水管堵塞； 3. 叶轮淹没深度不够； 4. 水泵转速低； 5. 叶片安装角度太小； 6. 叶片缠绕杂草杂物； 7. 进水池过小，水补给慢，水位降低较大； 8. 多台机抢水，水泵进口离池底或池壁太近； 9. 进水喇叭口被淤泥堵塞	1. 修理或更换； 2. 减小装置扬程，清除堵塞物； 3. 待高水位运行或降低水泵安装高程； 4. 更换动力机或皮带轮； 5. 调整叶片安装角度； 6. 清除杂草杂物； 7. 适当加大进水池； 8. 机组安装距离要符合规定尺寸； 9. 清理淤泥
水泵运转有杂音或振动	1. 叶片外缘与进水喇叭口有摩擦； 2. 泵轴与传动轴弯曲或安装不同心； 3. 水泵或传动装置地脚螺栓松动； 4. 水泵部分叶片击碎或脱落； 5. 水泵叶片绕有杂草杂物； 6. 叶片安装角度不一致； 7. 水泵层大梁振动大； 8. 进水流态不稳，产生漩涡； 9. 刚性联轴器四周间隙不一，不同心； 10. 轴承损坏或缺油； 11. 橡胶轴承紧固螺栓松动或脱落； 12. 叶轮螺母松动或联轴器销钉松动； 13. 几台水泵排列不当； 14. 平皮带接口不正确； 15. 产生气蚀	1. 检查并调整叶轮部件和泵轴垂直度； 2. 校正泵轴垂直度，调整同心度； 3. 加固基础，拧紧螺帽； 4. 更换或安装叶片； 5. 清除杂物，进口加设拦污栅； 6. 调整叶片安装角度； 7. 正确安装水泵，加固大梁； 8. 根据漩涡类型加设有效的消涡措施； 9. 调整机泵安装位置； 10. 更换轴承或加油； 11. 及时拧紧或更换； 12. 拧紧松动螺母或更换销钉； 13. 采取防振措施或重新排列； 14. 按正确方法连接； 15. 查明原因后再处理。如改善进水条件、调节工况点
水泵不出水	1. 水泵反转； 2. 水泵转速太低或不转； 3. 水泵叶片装反； 4. 叶片断裂或松动； 5. 叶轮叶片缠绕大量杂草杂物； 6. 叶轮淹没深度不足	1. 改变旋转方向； 2. 提高转速，排除不转因素； 3. 重新正确安装； 4. 调整或更换叶片； 5. 清除杂物； 6. 高水位运行或降低安装高程，进口采取消涡措施

第二节　三相异步电动机常见故障与处理

小型三相异步电机主要用作电动机拖动各种生产机械，在水利工程中应用广泛，如用于拖动水泵、闸门启闭机等各种机械设备。异步电动机的优点是结构简单、容易制造、价格低廉、运行可靠、坚固耐用、运行效率较高和具有适用的工作特征。其缺点是转速不易调节、功率因数较差，因运行时必须从电网里吸收滞后性的无功功率，所以功率因数总是小于1。

一、电动机的故障检查

电动机故障虽然繁多，但总是与一定的内在因素相关。如电动机绕组绝缘损坏与绕组过热有关，绕组过热又与电动机绕组中电流过大有关。只要根据电动机的基本原理、结构和性能，就可对故障做出正确判断。

1. 机械故障

（1）轴承过热。这可能是由润滑脂不足或过多、转轴弯斜、转轴摩擦过大、润滑脂内有杂质及外来物品以及钢珠损坏等所引起。

（2）电动机振动。这可能是由机组的轴线不同心、电动机在底板上的位置不正、转轴弯曲或轴颈振动、联轴器配合不良、转子皮带盘及联轴器平衡不良、鼠笼式转子导条或短路环断路、转子振动、底板不均匀的下沉、底板刚度不够、底板的振动周期与电动机（机组）的振动周期相同或接近、皮带轮粗糙或皮带轮装置不正、转动机构工作不良及有碰撞现象等所引起。

（3）转子偏心。这可能是由轴衬松掉、轴承位移、转子及定子铁芯变形、转轴弯曲及转子平衡不良等所引起。

2. 电气故障

（1）起动时的故障。由接线错误、线路断路、工作电压不符、负载力矩过高或静力矩过大、起动设备有故障等所引起。

（2）过热的原因。由线路电压高于或低于额定值、过负荷、冷却空气量不足、冷却空气温度过高、匝间短路及电动机不清洁安装所引起。

（3）绝缘损坏。可能是由工作电压过高，酸性、碱性、氯气等腐蚀性气体的损坏，太脏，过热，机械碰伤，湿度过高，在温度低于 0℃下保存和水分侵入等所引起。

　　根据对电动机"望、闻、听、切、摸"所掌握的情况，有针对性地对电动机作必要检查。其步骤如下：

　　（1）故障调查。故障发生后，有关人员应深入现场向运行管理人员了解电动机发生故障的情况。如有无异常声响和剧烈振动，开关及电动机绕组内有无窜火、冒烟及焦臭味等。在调查研究的基础上，对故障进行具体的分析和归纳。

　　（2）电动机外部检查。应检查机座、端盖有无裂纹，转轴有无裂痕或弯曲变形，转动是否灵活，有无不正常的声响，风道是否被堵塞，风扇、散热片是否完好。检查绝缘是否完好，接线是否符合铭牌规定，绕组的首末端是否正确。测量绝缘电阻和直流电阻，以检查绝缘是否损坏，绕组中是否有断路、短路及接地现象。

　　通过上述检查如未发现问题，应直接通电做试验。一般用三相调压变压器施加不超过 30% 的额定电压，并逐渐上升至额定电压。若声响不正常、或有焦臭味、或不转动，应立即断开电源进行检查，以免故障进一步扩大。当起动后未发现问题时，要测量三相电流是否平衡。如三相不平衡，电流大的一相可能是绕组短路，电流小的一相可能是多路并联的绕组中有支路断路。若三相电流基本平衡，可使电动机连续运行 1～2h，随时用手触摸铁芯外壳及轴承端盖，若有烫手现象，停机后应立即拆开电动机，并用手摸绕组端部及铁芯，如线圈过热，则是绕组短路；如铁芯过热，则说明可能是绕组匝数不足，或铁芯硅钢片间的绝缘损坏。

　　（3）电动机内部检查。经过检查，确认电动机内部有问题时，就应该拆开电动机，作进一步检查。

　　1）检查绕组部分。查看绕组端部有无积尘和油垢，绝缘有无损伤，接线及引出线有无损伤；查看绕组有无烧伤，若有烧伤，烧伤处的颜色会变成黑褐色，或烧焦，且有焦臭味。若烧坏一只线圈中的几匝线圈，说明是匝间短路造成的；若烧坏几只线圈，多半是相间或连接线（过桥线）的绝缘损坏引起的；若烧坏一相，多是三角形接法中有一相电源断电所引起；若烧坏两相，则是由一相绕组短路所致；若三相全部烧坏，大都是由长期过载，或起动电动机被卡住引起的，也可能是绕组接线错误所引起的。同时还应查看导线是否烧断，绕组的焊接处有无脱焊、假焊现象。

2）检查铁芯部分。查看转子、定子铁芯表面有无擦伤痕迹。若转子表面只有一处擦伤，而定子表面有一周擦伤，大部分是转轴弯曲或转子不平衡所造成的；若转子表面一周全有擦伤痕迹，定子表面只有一处伤痕，则是定子和转子不同心所造成的。

3）查看风扇叶是否损伤或变形，转子端环有无裂纹或断裂，然后再用短路测试器检验导电条有无断裂。

4）检查轴承的内外套与轴颈的轴承室配合是否合适，同时还要检查轴承的磨损情况。

二、电动机的常见故障分析及处理

电动机故障多种多样，同一故障可能有不同的外表现象，而同一外表现象也可能由不同的故障引起。因此，必须对电动机故障情况进行全面的研究和分析。表4-3是根据实践经验和理论分析得出的异步电动机一般的故障情况，可供故障分析时参考。

表4-3　　　　　三相异步电动机的常见故障和处理方法

故障现象	原　因	处　理　方　法
电动机通电后不转，无异响，也无异味和冒烟	1. 电源至少两相未通； 2. 熔丝至少有两相熔断； 3. 过流继电器整定值过小； 4. 控制设备接线错误	1. 检查电源回路开关、熔丝、接线盒处是否有断点，并修复； 2. 检查熔丝型号，换新熔丝； 3. 调节继电器整定值，使之与电动机相配合； 4. 改正接线
电动机通电后不转，然后熔丝熔断	1. 缺一相电源，或定子线圈一相接反； 2. 定子绕组相间短路； 3. 定子绕组接地； 4. 定子绕组接线错误； 5. 熔丝截面过小； 6. 电源线短路或接地； 7. 开关与定子之间接线短路； 8. 电动机负载过大或有机械卡住	1. 检查刀闸是否有一相未合好，电源回路是否有一相断线，消除故障； 2. 查处短路点，予以修复； 3. 消除接地； 4. 查出误差，予以更正； 5. 更换合格的熔丝； 6. 消除短路或接地点； 7. 拆开电动机接线头，检查导线的绝缘性能，并消除障碍； 8. 检查定子电流、转子有无卡住现象，减轻负载，解除障碍

故障现象	原　因	处　理　方　法
电动机通电后不转，有嗡嗡声	1. 定、转子绕组有断路（一相断线）或电源一相失电； 2. 绕组引出线始末端接错或绕组内部接反； 3. 电源回路接点松动，接触电阻大； 4. 电动机负载过大或转子卡住； 5. 电源电压过低； 6. 电动机装配过紧或轴承内油脂过硬； 7. 轴承卡住； 8. 线槽配合不当	1. 查明绕组断点，予以修复； 2. 检查绕组极性，判断绕组始末端是否正确； 3. 紧固松动的接线螺栓，用万用表检查各接头是否假接，予以修复； 4. 减载或查出并消除机械故障； 5. 检查是否按规定的接法接线，是否由于电源导线过细使压降过大，予以纠正； 6. 重新装配使之灵活；更换合格油脂； 7. 修复轴承； 8. 将转子外圈适当缩小或选择适当定子线圈跨距
电动机启动困难，带额定负载时，电动机转速明显低于额定转速	1. 电源电压过低； 2. △接法误接为 Y 接法； 3. 笼型转子开焊或断裂； 4. 定转子局部线圈错接； 5. 修复电机绕组时增加匝数过多； 6. 电机过载	1. 测量电源电压，设法改善； 2. 改为△接法； 3. 检查开焊或断点并修复； 4. 查出误接处并改正； 5. 恢复正确匝数； 6. 减载
电动机空载电流不平衡，三相相差大	1. 重绕时，定子三相绕组匝数不相等； 2. 绕组首尾端接错； 3. 电源电压不平衡； 4. 绕组存在匝间短路、线圈接反等故障	1. 重新绕制定子绕组； 2. 检查并纠正； 3. 测量电源电压，消除不平衡； 4. 消除绕组故障
电动机空载时过负载，电流表指针不稳、摆动大	1. 笼型转子导条开焊或断条； 2. 绕线型转子故障（一相断路），或电刷、集电环接触装置接触不良	1. 找出断条予以修复或更换转子； 2. 检查绕线型转子回路并加以修复
电动机空载电流平衡，但电流大	1. 修复时，定子绕组匝数减少过多； 2. 电源电压过高； 3. Y 接法电动机误为△接法； 4. 电动机装配时，转子装反，使定、转子铁芯未对齐，有效长度减短； 5. 气隙过大或不均匀； 6. 大修拆除旧绕组时，拆法不当，使铁芯烧损	1. 按正确的匝数，重绕定子绕组； 2. 检查电源，设法恢复额定电压； 3. 改为 Y 接法； 4. 重新装配； 5. 调整气隙或更换新转子； 6. 检查铁芯或重新计算绕组，适当增加匝数

续表

故障现象	原　　因	处　理　方　法
电动机运行时声响不正常	1. 转子与定子绝缘纸或槽楔相擦； 2. 轴承磨损或油内有沙粒等异物； 3. 定子、转子铁芯松动； 4. 轴承缺油； 5. 风道堵塞或风扇叶碰擦风罩； 6. 定转子铁芯相擦； 7. 电源电压过高或不平衡； 8. 定子绕组错接或短路	1. 修剪绝缘或削低槽楔； 2. 更换或清洗轴承； 3. 检修定子、转子铁芯； 4. 加油； 5. 清理风道或重新安装风罩； 6. 消除擦痕，必要时调整间隙； 7. 检查并调整电源电压； 8. 消除定子绕组故障
电动机振动较大	1. 轴承磨损，间隙过大； 2. 气隙不均匀； 3. 转子不平衡； 4. 转轴弯曲； 5. 铁芯变形或松动； 6. 联轴器（皮带轮）中心未校正； 7. 风扇不平衡； 8. 机壳或基础强度不够； 9. 电动机地脚螺栓松动； 10. 笼型转子开焊、断路；绕线转子断路； 11. 定子绕组故障	1. 检修轴承，必要时更换； 2. 调整气隙，使之均匀； 3. 校正转子动平衡； 4. 校直转轴； 5. 校正重叠铁芯； 6. 重新校正，使之符合规定； 7. 检修风扇，校正平衡； 8. 进行加固； 9. 紧固地脚螺栓； 10. 修复转子绕组； 11. 修复定子绕组
轴承过热	1. 润滑脂过多或过少； 2. 油质不好，含有杂质； 3. 轴承与轴颈或端盖配合不当（过松或过紧）； 4. 轴承盖内孔偏心，与轴相擦； 5. 电动机端盖或轴承盖未装平； 6. 电动机与负载间联轴器未校正，或皮带过紧； 7. 轴承间隙过大或过小； 8. 电动机轴弯曲	1. 按规定加润滑脂（容积的 $1/3$ 或 $2/3$）； 2. 更换清洁的润滑脂； 3. 过松可用黏结剂修复，过紧应磨轴颈或端盖内孔，使之适合； 4. 修理轴承盖，消除擦点； 5. 重新装配； 6. 重新校正，调整皮带张力； 7. 更换新轴承； 8. 校正电动机轴或更换转子
电动机过热甚至冒烟	1. 电源电压过高，使铁芯发热大大增加； 2. 电源电压过低，电动机在额定负载运行时，电流过大使绕组发热； 3. 修理拆除绕组时，拆法不当，烧伤铁芯； 4. 定、转子铁芯相擦；	1. 降低电源电压，如调整供电变压器分接头。若是电机接法错误引起，则应改正接法； 2. 提高电源电压； 3. 检修铁芯，排除故障； 4. 消除摩擦点（调整气隙或锉、车转子），检查轴承；

续表

故障现象	原　　因	处　理　方　法
电动机过热甚至冒烟	5. 电动机过载或频繁启动； 6. 笼型转子断条； 7. 电动机缺相，两相运行； 8. 重绕后定子绕组浸漆不充分； 9. 环境温度高，电动机表面污垢多，或通风道堵塞； 10. 电动机风扇故障，通风不良或暴晒； 11. 定子绕组故障（相间、匝间短路；定子绕组内部连接错误）； 12. 正、反转频繁或起动次数过多	5. 减载或按规定控制起动次数； 6. 检查并消除转子绕组故障； 7. 恢复三相运行； 8. 采用二次浸漆或真空浸漆工艺； 9. 清洗电动机，改善环境温度，采用降温措施； 10. 检查并修复风扇，必要时更换； 11. 检修定子绕组，清除故障； 12. 减少正、反转和起动次数或改用合适电动机
机壳带电	1. 引出线或接线盒接头的绝缘损坏而碰壳； 2. 端部太长碰机壳； 3. 槽两端的槽口绝缘破坏； 4. 槽内有铁屑等杂物未清理干净，导线嵌入后即接地； 5. 在嵌线时，导体绝缘有损伤； 6. 外壳没有可靠接地	1. 检查后套上绝缘套管或包扎绝缘布； 2. 如端盖卸下后接地现象消除，应将绕组端部刷一层绝缘漆并垫上绝缘纸再装上端盖； 3. 细心扳动绕组端接部分，找出绝缘损坏处，垫上绝缘纸，再涂上绝缘漆； 4. 拆开每个线圈接头，用淘汰法找出接地线圈后，进行局部修理； 5. 同上； 6. 按上述几个方法排除故障后，将外壳可靠接地
绝缘电阻降低	1. 潮气侵入或雨水淋入电动机内； 2. 绕组上灰尘油垢太多； 3. 引出线或接线盒接头的绝缘即将损坏； 4. 电动机过热后绝缘老化	1. 用兆欧表检查后，进行烘干处理； 2. 消除灰尘、油垢后，浸渍处理； 3. 重新包扎引出线接线头或更换接线盒； 4. 可重新做浸漆处理

第三节　电气设备常见故障与处理

一、电气设备故障处理的原则与要求

小型泵站的电气设备种类很多，主要有刀开关、熔断器、低压断路器、负荷开关、交流接触器、继电器、漏电保护器等。故障现象各不相同，故障原因千差万别，处理方法要因设备而异。

1. 电气设备故障处理的一般顺序

故障现象—故障分析—故障原因—处理方法—记录处理过程。其中，故障现象最为重要，是故障分析和故障处理的直接依据。

2. 电气设备故障处理的一般方法

（1）简单故障：直接消除故障，如更换元件、局部处理以消除故障现象。

（2）复杂故障：采用逐项排除法、分段检查法、借助仪器设备法分析故障原因并采取针对性措施。

3. 电气设备故障排查的一般步骤

（1）询问故障情况。处理故障前，应向设备运行或操作人员了解故障情况，包括以下方面：

1）故障发生在运行前、运行后，还是发生在运行中；是运行中自动跳闸，还是发现异常情况后由操作者紧急停机。

2）发生故障时，设备处于什么工作状态，进行了哪些操作，按了哪个按钮，扳动了哪个开关。

3）故障发生前后有何异常情况，如声音、气味、弧光等。

4）设备以前是否发生过类似故障，是如何处置的。

电气维修人员向操作者了解情况后，还应与机械维修人员、操作者共同分析判断是机械故障，还是电气故障，或者是综合故障。

（2）分析电路。确定是电气故障后，应参阅设备的电气原理图及有关技术说明书进行电路分析，大致地估计有可能发生故障的部位，如是主电路还是控制电路，是交流电路还是直流电路。分析故障时应有针对性，如有接地故障，一般应先考虑开关柜外的电气装置，后考虑开关柜内电气设备的断路和短路故障。

分析复杂电路时，可分成若干单元，逐个进行分析判断。

（3）断电检查。

1）检查电源线进口处有无碰伤、砸伤而引起的电源接地、短路等现象。

2）开关柜内熔断器有无烧损痕迹。

3）观察电线和电气元件有无明显的变形损坏，或因过热、烧焦和变色而有焦臭气味。

4）检查限位开关、继电保护及热继电器等保护电器是否启动。

5）检查断路器、接触器、继电器等电气设备的可动部分及触头动作是否灵活。

6）检查可调电阻的滑动触头接触是否良好，电刷支架是否有窜动离位情况。

7）用绝缘电阻表检查电机及控制回路的绝缘电阻，一般不应小于 0.5MΩ。

（4）通电检查。当断电检查找不到故障时，可对电气设备做通电检查。

1）在对开关设备做通电检查时，一定要在操作者的配合下进行，以免发生意外事故。

2）通电检查前，要尽量使主电路与断路器断开，并使断路器置于试验位置，机械部分的传动、防误联锁应在正常的位置上，将电气控制装置上相应转换开关置于零位，行程开关恢复到正常位置。

3）每次通电检查的部位、范围不要过大，范围越小，故障越明显。检查顺序是：先检查主电路，后检查控制电路；先检查主传动系统，后检查辅助系统；先检查控制系统，后检查调整系统；先检查交流系统，后检查直流系统；先检查重点怀疑部位，后检查一般部位。

4）对开关设备等比较复杂的电气回路进行故障检查时，应在检查前拟定检查顺序，将复杂电路划分若干单元，逐个单元地检查下去，检查应仔细，以防故障点被遗漏。

5）断开所有开关，取下所有熔断器，再按顺序逐一插入检查部位的熔断器，然后合上开关，观察有无冒烟、冒火、熔断器熔断等现象。

需要注意的是，一定要按拟定好的检查顺序，耐心认真地逐项检查下去，直到发现和排除故障。

二、刀开关的常见故障及处理方法

刀开关的常见故障及处理方法见表 4-4。

三、低压熔断器的常见故障及处理方法

低压熔断器的常见故障及处理方法见表 4-5。

表 4 - 4　　　　　　　　刀开关的常见故障及处理方法

故障现象	原　　因	处　理　方　法
1. 触刀过热，甚至烧毁	1. 电路电流过大； 2. 触刀和静触座接触歪扭； 3. 触刀表面被电弧烧毛	1. 改用较大容量的开关； 2. 调整触刀和静触座的位置； 3. 磨掉毛刺和凸起点
2. 开关手柄转动失灵	1. 定位机械损坏； 2. 触刀固定螺钉松脱	1. 修理或更换； 2. 拧紧固定螺钉

表 4 - 5　　　　　　　低压熔断器的常见故障及处理方法

故障现象	原　　因	处　理　方　法
电动机起动瞬间熔断器熔体熔断	1. 熔体规格选择过小； 2. 被保护的电路短路或接地； 3. 安装熔体时有机械损伤； 4. 有一相电源发生断路	1. 更换合适的熔体； 2. 检查线路，找出故障点并排除； 3. 更换安装新的熔体； 4. 检查熔断器及被保护电路，找出断路点并排除
熔体未熔断，但电路不通	1. 熔体或连接线接触不良； 2. 紧固螺钉松脱	1. 旋紧熔体或将接线接牢； 2. 找出松动处，将螺钉或螺母旋紧
熔断器过热	1. 接触螺钉松动，导线接触不良； 2. 接线螺钉锈死，压不住线； 3. 触刀或刀座生锈，接触不良； 4. 熔体规格太小，负荷过重； 5. 环境温度过高	1. 拧紧螺钉； 2. 更换螺钉、垫圈； 3. 清除锈蚀，检修或更换刀座； 4. 更换合适的熔体或熔断器； 5. 改善环境条件
瓷绝缘件破损	1. 产品质量不合格； 2. 外力破坏； 3. 操作时用力过猛； 4. 过热引起	1. 停电更换； 2. 停电更换； 3. 停电更换，注意操作手法； 4. 查明原因，排除故障

四、低压断路器的常见故障及其排除方法

低压断路器的常见故障及处理方法见表 4 - 6。

表 4 - 6　　　　　　　断路器的常见故障及处理方法

故障现象	原　　因	处　理　方　法
手动操作的断路器不能闭合	1. 欠电压脱扣器无电压或线圈损坏； 2. 储能弹簧变形，闭合力减小； 3. 释放弹簧的反作用力太大； 4. 机构不能复位再扣	1. 检查线路后加上电压或更换线圈； 2. 更换储能弹簧； 3. 调整弹簧或更换弹簧； 4. 调整脱扣面至规定值

续表

故障现象	原　　　因	处　理　方　法
电动操作的断路器不能闭合	1. 操作电源电压不符； 2. 操作电源容量不够； 3. 电磁铁或电动机损坏； 4. 电磁铁拉杆行程不够； 5. 电动机操作定位开关失灵； 6. 控制器中整流管或电容器损坏	1. 更换电源或升高电压； 2. 增大电源容量； 3. 检修电磁铁或电动机； 4. 重新调整或更换拉杆； 5. 重新调整或更换开关； 6. 更换整流管或电容器
有一相触头不能闭合	1. 该相连杆损坏； 2. 限流开关机构可拆，连杆之间的角度变大	1. 更换连杆； 2. 调整至规定要求
分励脱扣器不能使断路器断开	1. 线圈损坏； 2. 电源电压太低； 3. 脱扣面太大； 4. 螺钉松动	1. 更换线圈； 2. 更换电源或升高电压； 3. 调整脱扣面； 4. 拧紧螺钉
欠电压脱扣器不能使断路器断开	1. 反力弹簧的反作用力太小； 2. 储能弹簧力太小； 3. 机构卡死	1. 调整或更换反力弹簧； 2. 调整或更换储能弹簧； 3. 检修机构
断路器在起动电动机时自动断开	1. 电磁式过电流脱扣器瞬动整定电流太小； 2. 空气式脱扣器的阀门失灵或橡皮膜破裂	1. 调整瞬动整定电流； 2. 更换
断路器在工作一段时间后自动断开	1. 过电流脱扣器长延时整定值偏小； 2. 热元件或半导体元件损坏； 3. 外部电磁场干扰	1. 重新调整整定值； 2. 更换元件； 3. 进行隔离
欠电压脱扣器有噪声或振动	1. 铁芯工作面有污垢； 2. 短路环断裂； 3. 反力弹簧的反作用力太大	1. 清除污垢； 2. 更换衔铁或铁芯； 3. 调整或更换弹簧
断路器温升过高	1. 触头接触压力太小； 2. 触头表面过度磨损或接触不良； 3. 导电零件的连接螺钉松动	1. 调整或更换触头弹簧； 2. 修整触头表面或更换触头； 3. 拧紧螺钉
辅助触头不能闭合	1. 动触头卡死或脱落； 2. 传动杆断裂或滚轮脱落	1. 调整或更换动触头； 2. 更换损坏的零件

五、接触器的常见故障及处理方法

接触器的常见故障及处理方法见表 4-7。

表 4-7　　　　　　　接触器的常见故障及处理方法

故障现象	原　　因	处　理　方　法
通电后不能闭合	1. 线圈断线或烧毁； 2. 动铁芯或机械部分卡住； 3. 转轴生锈或歪斜； 4. 操作回路电源容量不足； 5. 弹簧压力过大	1. 修理或更换线圈； 2. 调整零件位置，消除卡住现象； 3. 除锈、上润滑油或更换零件； 4. 增加电源容量； 5. 调整弹簧压力
通电后动铁芯不能完全吸合	1. 电源电压过低； 2. 触头弹簧和释放弹簧压力过大； 3. 触头超程过大	1. 调整电源电压； 2. 调整弹簧压力或更换弹簧； 3. 调整触头超程
电磁铁噪声过大或发生振动	1. 电源电压过低； 2. 弹簧压力过大； 3. 铁芯极面有污垢或磨损过度而不平； 4. 短路环断裂； 5. 铁芯夹紧螺栓松动，铁芯歪斜或机械卡住	1. 调整电源电压； 2. 调整弹簧压力； 3. 清除污垢，修整极面或更换铁芯； 4. 更换短路环； 5. 拧紧螺栓，排除机械故障
接触器动作缓慢	1. 动、静铁芯间的间隙过大； 2. 弹簧的压力过大； 3. 线圈电压不足； 4. 安装位置不正确	1. 调整机械部分间隙； 2. 调整弹簧压力； 3. 调整线圈电压； 4. 重新安装
断电后接触器不释放	1. 触头弹簧压力过小； 2. 动铁芯或机械部分卡住； 3. 铁芯剩磁过大； 4. 触头熔焊在一起； 5. 铁芯极面有油污或尘埃	1. 调整弹簧压力或更换弹簧； 2. 调整零件位置，消除卡住现象； 3. 退磁或更换铁芯； 4. 修理或更换触头； 5. 清理铁芯极面
线圈过热或烧毁	1. 弹簧的压力过大； 2. 线圈的额定电压、频率或通电持续率等与使用条件不符； 3. 操作频率过高； 4. 线圈匝间短路； 5. 运动部分卡住； 6. 环境温度过高； 7. 空气潮湿或含腐蚀性气体； 8. 交流铁芯极面不平	1. 调整弹簧压力； 2. 更换线圈； 3. 更换接触器； 4. 更换线圈； 5. 排除卡住现象； 6. 改变安装位置或采取降温措施； 7. 采取防潮、防腐蚀措施； 8. 清除极面或调换铁芯

续表

故障现象	原 因	处 理 方 法
触头过热或灼烧	1. 触头弹簧压力过小; 2. 触头表面有油污或表面高低不平; 3. 触头的超行程过小; 4. 触头的断开能力不够; 5. 环境温度过高或散热不好	1. 调整弹簧压力; 2. 清理触头表面; 3. 调整超行程或更换触头; 4. 更换接触器; 5. 接触器降低容量使用,改变安装位置
触头焊接在一起	1. 触头弹簧压力过小; 2. 触头断开能力不够; 3. 触头断开次数过多; 4. 触头表面有金属颗粒突起或异物; 5. 负载侧短路	1. 调整弹簧压力; 2. 更换接触器; 3. 更换触头; 4. 清理触头表面; 5. 排除短路故障,更换触头
相间短路	1. 可逆转的接触器联锁不可靠,致使两个接触器同时投入运行而造成相间短路; 2. 接触器动作过快,发生电弧短路; 3. 尘埃或油污使绝缘变坏; 4. 零件损坏	1. 检查电气联锁与机械联锁; 2. 更换动作时间较长的接触器; 3. 经常清理保持清洁; 4. 更换损坏零件

六、热继电器的常见故障及处理方法

热继电器的常见故障及处理方法见表4-8。

表4-8   热继电器的常见故障及处理方法

故障现象	原 因	处 理 方 法
热继电器误动作	1. 电流整定值偏小; 2. 电动机起动时间过长; 3. 操作频率过高; 4. 连接导线过细	1. 调整整定值; 2. 按电动机起动时间的要求选择合适的继电器; 3. 减少操作频率或更换热继电器; 4. 选用合适的标准导线
热继电器不动作	1. 电流整定值偏大; 2. 热元件烧断或脱焊; 3. 动作机构卡住; 4. 进出线脱头	1. 调整电流值; 2. 更换热元件; 3. 检查动作机构; 4. 重新焊好

续表

故障现象	原　　因	处　理　方　法
热元件烧断	1. 负载侧短路； 2. 操作频率过高	1. 排除故障，更换热元件； 2. 减少操作频率，更换热元件或热继电器
热继电器的主电路不通	1. 热元件烧断； 2. 热继电器的接线螺钉未拧紧	1. 更换热元件或热继电器； 2. 拧紧螺钉
热继电器的控制电路不通	1. 调整旋钮或调整螺钉转到不合适的位置，以致触头被顶开； 2. 触头烧坏或动触头杆的弹性消失	1. 重新调整到合适位置； 2. 修理或更换新的触头或动触头杆

七、漏电保护器的常见故障及处理方法

漏电保护器的常见故障及处理方法见表4-9。

表4-9　　　　　漏电保护器的常见故障及处理方法

故障现象	原　　因	处　理　方　法
漏电保护器不能闭合	1. 储能弹簧变形导致闭合力减小； 2. 操作机构卡住； 3. 机构不能复位再扣； 4. 漏电脱扣器未复位	1. 更换储能弹簧； 2. 重新调整操作机构； 3. 调整脱扣面至规定值； 4. 调整漏电脱扣器
漏电保护器不能带电投入	1. 过电流脱扣器未复位； 2. 漏电脱扣器未复位； 3. 漏电脱扣器不能复位； 4. 漏电脱扣器吸合无法保持	1. 等待过电流以使脱扣器自动复位； 2. 按复位按钮，使脱扣器手动复位； 3. 查明原因，排除线路上的漏电故障点； 4. 更换漏电脱扣器
漏电开关打不开	1. 触头发生熔焊； 2. 操作机构卡住	1. 排除熔焊故障，修理或更换触头； 2. 排除卡住现象，修理受损零件
一相触头不能闭合	1. 触头支架断裂； 2. 金属颗粒将触头与灭弧室卡住	1. 更换触头支架； 2. 清除金属颗粒或更换灭弧室
起动电动机时漏电开关立即断开	1. 过电流脱扣器瞬时整定值太小； 2. 过电流脱扣器动作太快； 3. 过电流脱扣器额定整定值选择不正确	1. 调整过电流脱扣瞬时整定弹簧力； 2. 适当调大整定电流值； 3. 重新选用
漏电保护器工作一段时间后自动断开	1. 过电流脱扣器长延时整定值不正确； 2. 热元件或油阻尼脱扣器元件变质； 3. 整定电流值选得不当	1. 重新调整； 2. 将变质元件更换掉； 3. 重新调整整定电流值或重新选用

续表

故障现象	原　因	处　理　方　法
漏电开关温升过高	1. 触头压力过小； 2. 触头表面磨损严重或损坏； 3. 两导电零件连接处螺钉松动； 4. 触头超程太小	1. 调整触头压力或更换触头弹簧； 2. 清理接触面或更换触头； 3. 将螺钉拧紧； 4. 调整触头超程
操作试验按钮后漏电保护器不动作	1. 试验电路不通； 2. 试验电阻已烧坏； 3. 试验按钮接触不良； 4. 操作机构卡住； 5. 漏电脱扣器不能使断路器（自动开关）自由脱扣； 6. 漏电脱扣器不能正常工作	1. 检查该电路，接好连接导线； 2. 更换试验电阻； 3. 调整试验按钮； 4. 调整操作机构； 5. 调整漏电脱扣器； 6. 更换漏电脱扣器
触头过度磨损	1. 三相触头动作不同步； 2. 负载侧短路	1. 调整到同步； 2. 排除短路故障，并更换触头
相间短路	1. 尘埃堆积或粘有水汽、油垢、使绝缘劣化； 2. 外接线未接好； 3. 灭弧室损坏	1. 经常清理，保持清洁； 2. 拧紧螺钉，保证外接线相间距离； 3. 更换灭弧室
过电流脱扣器烧坏	1. 短路时机构卡住，开关未及时断开； 2. 过电流脱扣器不能正确动作	1. 定期检查操作机构，使之动作灵活； 2. 更换过电流脱扣器

第五章

水泵机组及电气设备维修保养

第一节 维修保养的目的与要求

泵站机电设备维修保养是泵站管理的一项重要工作,是设备安全可靠运行的关键,是泵站充分发挥效益的重要保证。通过维修保养,可及时发现问题,消除隐患,预防事故,保证设备运行的稳定性、可靠性,提高设备的完好率和利用率,达到延长使用寿命,完成农田灌排任务的目的。

维修保养包括日常维护和定期检修两类。

一、日常维护

日常维护是一种消除和防止设备运行过程中可能发生故障的有计划的维修。设备经过维护保养,减少了故障的发生概率,延长了检修周期和使用寿命,使设备用旧如新。

设备的日常维护,不要求分解机体,也不要求拆卸比较复杂和尺寸较大的部件,是经常性,或是循环重复性的工作。因此泵站管理单位应建立并实行维护保养工作制度和考核制度。

水泵机组及电气设备日常维护的主要要求如下:

(1)保持设备的清洁。要求无灰尘、无油污、无水垢等,设备内外干净整洁。

(2)设备金属部分防腐到位。要求无锈斑,表层油漆脱落及时修补,并保持与原漆同色。

（3）转动支承部件（如轴承）润滑良好。油润滑的部件应定期加注或更换润滑油（油脂），油质和油量符合规定。水润滑的部件润滑水路通畅。

（4）螺栓连接可靠。要求对易松动的螺栓进行检查，并紧固到位。

（5）注油电气设备绝缘油保证合格。要求定期检查化验，不合格的油品要进行处理或更换，并保持油位。

（6）保持良好的电气接线。要求定期检查并处理接线端子和接头，以防止氧化造成接触不良。

（7）做好维护记录。有维护台账，详细记录维护内容和相关安全措施。

二、定期检修

定期检修主要解决设备在运行中出现、需要一定时间和资金方可修复、或者尚未出现问题，按规定必须检查检修的项目或零部件，更换已损坏或已到使用期限的易损件和密封件，修复那些可以修复的零部件。通过检修，使设备恢复效率和功能，延缓老化过程，延长使用寿命，提高设备的完好率，节约能源。

定期检修是为避免让小缺陷变成大缺陷、小问题变成大问题从而造成事故的一项重要管理工作，有的检修项目需要拆除尺寸较大的部件，有的可能需要分解机体。定期检修技术要求高，责任重大，所以泵站机电设备的检修应认真地、有计划地进行。

定期检修前应编制详细的检修计划，做到人员、资金、材料、安全措施"四落实"。要做好检修前的准备工作，检修工具（包括通用工具和专用工具）、辅助材料、备品备件等应一一检查落实到位。

要坚持高标准严要求完成检修。严格检修工作的技术标准，积极推行新技术和新材料。检修过程中要认真填写检修记录。

关于小型泵站的泵机组及电气设备定期检修周期，有规定的可按规定执行，无规定的通常可在每年排灌作业结束后，进行一次彻底的维修保养。

第二节　水　泵　的　检　修

水泵检修主要包括：表面除锈、除污、清洗；拆卸后进行检查、清洗；修复或更换各种损坏零部件、易损件和密封件；重新安装。有条件的可进行开机运行试验；外表面清理干净，刷漆防腐。

零部件拆开清洗擦净、检查和测量后，应区分出合格零部件（磨损程度在允许范围内，可继续使用）、需要修理的零部件（磨损量虽然超过了允许范围，但只需经过修理仍可继续使用）和不合格零部件（磨损量特大或已经损坏，不能修复，需要更新的）。

在拆装过程中应小心谨慎，避免因拆装的原因引起不必要的零部件损坏。主要的注意事项有：①准备好放置零件的工作台，如条件限制，可用木板代替，切忌任意乱放乱甩而碰坏零件；②合理使用专用工具，不能蛮干；③拆卸较紧的零件时，需用木块垫好，再用小锤敲打，禁止用大锤直接猛击零件；④必须保持接合面、摩擦面和光加工面的清洁，不能碰伤或损坏；⑤对于一些还未损坏的易损件和密封件，尽量更换；⑥按次序进行拆装，不能盲目乱拆乱装，并注意安全。

第三节　三相异步电动机的检修

小型泵站动力机大多数采用三相鼠笼式异步电动机，主要结构基本相同。图5-1为电机零件分解图。封闭式电动机外壳外有散热风扇和风扇防护罩，而防护式电动机则无风扇。立式电动机的上端盖装有推力轴承。

图5-1　电机零件分解图

鼠笼式异步电动机维修保养的内容主要有：

（1）清理定子、转子。可用毛刷、棉纱布和压力气（皮老虎或空气压缩机）对黏附在定、转子上的灰尘、小虫物等进行清理。

（2）清洗轴承盖、轴承盒，并检查有无磨损和裂纹，如较严重，应更换新件。

（3）清洗径向滚动轴承和轴向平面滚动轴承（推力轴承），检查滚珠的磨损程度，磨损严重应更换。

（4）更换轴承润滑油脂。应注意油脂的类型，一般使用钠基或钙钠基油脂。油脂不应加注过满。

（5）检查定子绕组。如有接地、短路等故障，应对绕组线圈进行处理。

1）单相接地。如线圈受潮、绝缘老化、局部绝缘损坏等都会形成对地短路。可用绝缘摇表逐相检查（应把每相的接头拆开），找出接地的地方。故障找到后，若仅是受潮，可在干燥后刷一层绝缘漆即可。如果绝缘破损不很严重，也可把它重新进行绝缘处理。若一相绕组多处接地，而且绝缘损坏比较严重，或两相同时接地，就应把接地的绕组线圈更换。如因铁芯有一片或几片硅钢片凸出破坏了绝缘造成接地，则应将凸出的硅钢片敲平，再将破损处重新进行绝缘处理。

2）匝间短路。如果线圈匝间发生短路，电机运行时会冒烟，并有焦臭气味，空载运行时发热很严重，空载电流增大。如有明显短路点的线圈，只需部分重新加强绝缘即可，若短路线圈没有明显的短路点，则应拆下重绕。

3）相间短路。相邻的线圈间的绝缘损坏造成相间短路。当短路点明显可见而不严重时，加强绝缘即可，除此外，必须重新绕制。

（6）检查转子上的铜条。铜条松动或脱开后，会引起转子发热，电动机在满载时会发出"隆隆"响声。可把铜条旋紧焊牢即可，注意不要使铜条通电。

第四节　泵车系统的维修保养

在水位变幅较大的河流中取水，常采用泵车结构的移动式泵房。这类泵房主要包括泵车、滑轨、绞车等组成部分。在泵车上安装水泵及电动机（或柴油机），泵车靠绞车牵引沿轨道上下运动。水泵及电机维护保养同前，绞车及轨道的维护保养主要注意以下几点。

（1）检查轨道固定是否牢固，平行度是否符合要求。

（2）检查各部位螺栓、螺母、销钉等，如有松动、脱落应及时拧紧补全。

（3）检查信号装置及电动机操作按钮是否完好，发出的信号是否清楚、明亮，否则应及时修理或更换。

（4）检查滚筒有无损坏或破裂，钢丝绳头固定是否牢固，钢丝绳排列是否整齐、是否有断丝，润滑是否良好，轴承是否有渗漏油现象，有问题应及时处理。

（5）检查闸带有无裂纹，磨损是否超限，拉杆螺栓、叉头、闸把、销轴等是否有损伤或变形，背紧螺母是否松动，有问题应调整和处理。

（6）检查闸把及杠杆系统动作是否灵活，施闸后，闸把不得达到水平位置，应当比水平位置稍有上翘。

（7）检查电动机空载起动是否正常，接地是否良好，起动器等电气设备是否完好并符合绝缘、防爆等要求。

（8）运行过程中应检查轴承及电机、开关、电缆、闸带等是否温升过高，发现问题应查明原因，采取措施进行处理。

（9）经常擦拭绞车，清理浮尘和杂物，保持绞车周围环境整洁。

第五节　电气设备的维修保养

小型泵站的电气设备除了电动机，主要还有 10kV 跌落式熔断器、避雷器、主机控制柜、低压配电柜（箱）等设备。

一、高压跌落式熔断器的维修保养

10kV 跌落式熔断器的结构如图 5-2 所示。

其检查维护内容如下：

（1）熔断器具额定电流与熔体及负荷电流值是否匹配合适，若配合不当必须进行调整。

（2）熔断器的每次操作须仔细认真，不可粗心大意，特别是合闸操作，必须使动、静触头接触良好。

（3）熔管内必须使用标准熔体，禁止用铜丝铝丝代替熔体，更不准用铜丝、铝丝及铁丝将触头绑扎住使用。

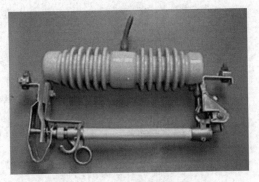

（4）熔体熔断后应更换新的同规格熔体，不可将熔断后的熔体联结起来再装入熔管重复使用。

图 5-2　10kV 跌落式熔断器的结构

（5）应定期对熔断器进行巡视，每月不少于一次夜间巡视，查看有无放电火花和接触不良现象，若有放电，并伴有"嘶嘶"的响声，要尽早安排处理。

（6）在停电检修时应对熔断器做如下内容的检查：

1）静、动触头接触是否吻合，紧密完好，有否烧伤痕迹。

2）熔断器转动部位是否灵活，有否锈蚀、转动不灵等异常，零部件是否损坏、弹簧有否锈蚀。

3）熔体本身有否受到损伤，经长期通电后有无因发热伸长过多而变得松弛无力。

4）熔管经多次动作管内产气用消弧管是否烧伤及日晒雨淋后是否损伤变形、长度是否缩短。

5）清扫绝缘子并检查有无损伤、裂纹或放电痕迹，拆开上、下引线后，用 2500V 摇表测试绝缘电阻应大于 300MΩ。

6）检查熔断器上下连接引线有无松动、放电、过热现象。

对上述项目检查出的缺陷如能维修应及时处理，如损伤、变形较严重，应更换部件或整体更新。

二、刀开关的维修保养

1. 刀开关的维护

图 5-3 为刀开关结构图。

开关刀的维护内容如下：

（1）在正常运行时，触头及连接点应无过热现象，负荷电流应在其容

图 5-3　低压刀开关的结构

量范围内。

（2）绝缘板应无破损及放电痕迹。

（3）操作机构的部件应无开焊、变形或锈蚀现象，轴、销钉、紧固件等应齐全正常。

（4）刀片和刀嘴的消弧角应无烧伤、无脏污、无变形、无锈蚀、无倾斜。

（5）维修时应用细砂布打磨触头、接点，检查其紧密程度并涂上导电膏。

（6）维修时应检查校正三相同期度，合闸时不应有旁击及抖动现象。与断路器的连锁装置应完好。

2. 刀开关的检修

小修每年不少于一次，大修则根据运行和缺陷情况而定。刀开关的调整应符合制造厂家规定或规程要求。一般检修内容如下：

（1）擦净表面灰尘，检查表面有无破损、裂纹及闪络痕迹，否则应予以更换。

（2）用汽油擦净刀片、触头或触指上的油污，检查接触表面是否清洁，有无机械损伤，有无氧化膜及过热痕迹，有无弯曲变形，必要时用砂布打磨触头接触表面或者拆下触头、刀片等，用锉刀修整接触面，最后涂上导电膏或中性凡士林，注意如表面镀银的接触面不可锉掉或磨掉。

（3）触头或刀片上的附件如弹簧、螺丝、垫圈、开口销等应齐全无缺陷。

（4）检查和清扫刀开关的操作机构和传动机构，如拉杆、传动轴，并在转动部位注入适量的润滑脂。

（5）传动机构与带电部分的绝缘距离要符合要求。

（6）检查底座固定情况和接地是否良好。

三、低压电气设备的维修保养

1. DW 型自动空气开关

图 5-4 为 DW 型自动空气开关的外形图，其检修周期大修为每 3 年 1

次，小修每年 1～2 次。大修项目
为：主触头检修；灭弧触头、副触
头检修；操作机构检修；消弧装置
检修。小修项目为：吹灰、清扫开
关；开关触头检查；辅助开关检查。

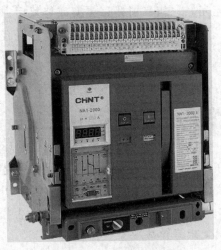

　　自动空气开关的检查维护应重
点注意以下事项：

　　（1）消除触头表面的氧化膜和
灰尘，修整烧伤麻点。触头检修完
毕后，在接触面上涂少许凡士林膏，
以防止触头表面氧化。调整触头的
开距和压力，更换损坏弹簧。开距

图 5-4　DW 型自动空气开关外形

和压力的调整要按主触头、副触头、
灭弧触头的顺序进行。开关同期的测试和调整。检查调整触头的动作
顺序。

　　（2）检查机构应操作灵活可靠，各部件应无卡涩、磨损现象。操作电
机分闸线圈无过热、变色、碰伤，挂钩、弹簧应无损坏，弹性良好，弹簧
间隙均匀，各转动、滑动部分的轴面要加注润滑油。

　　（3）灭弧装置的灭弧罩受潮、碳化或破裂、灭弧栅片烧毁或脱落，弧
角脱落等都会造成不能有效灭弧。

　　开关各部位检修调试全部结束后，用手动和电动操作开关，检查动作
应正确、可靠，各位置指示信号
应正常，最后用电动操作连续 3
次，应可靠动作。

　　2. 交流接触器

　　图 5-5 为交流接触器安装
图，交流接触器的检查和维护内
容如下：

　　（1）电磁系统应无过大的
噪声。

　　（2）检查连接点有无过热现
象，灭弧罩是否完整。内部附件

图 5-5　交流接触器结构

应完好，如有损坏，更换或修复后方可运行。

（3）触头系统检修时用细锉轻轻锉平，不得用砂布打磨。

（4）检查吸合铁芯的接触面是否光洁，短路环是否断裂或过度氧化。

（5）检查传动机构附件完好程度，是否有变形、移位及松脱情况。

3. 软启动器

软启动器的日常检查和维护内容如下：

（1）平时注意检查软启动器的环境条件，防止在超过其允许的环境条件下运行。注意检查软启动器周围是否有妨碍其通风散热的物体，确保软启动器四周有足够的空间（大于150mm）。

（2）定期检查配电线端子是否松动，柜内元器件是否有过热、变色、焦臭味等异常现象。

（3）定期清扫灰尘，以免影响散热，防止晶闸管因温升过高而损坏，同时也可避免因积尘引起的漏电和短路事故。清扫灰尘可用干燥的毛刷进行，也可用皮老虎吹和吸尘器吸。对于大块污垢，可用竹签等剔除。若有条件，可用0.6MPa左右的压缩空气吹除。

（4）平时注意观察冷却风机的运行情况，一旦发现风机转速慢或发热、卡阻等异常，应及时修理。对损坏的风机应及时更换。

（5）如果软启动器使用环境较潮湿或易结露，应经常用红外灯泡或电吹风烘干，驱除潮气，以避免漏电和短路事故的发生。

4. 移相无功补偿电容器

电容器的检查和维护内容如下：

（1）电容器的环境空气温度不应超过40℃，外壳温度不应超过55℃，也不应低于−25℃。室内相对湿度不大于80%。

（2）当单台电容器示温片熔化时，表明该台电容器内部有缺陷，应加强监视或将其拆除，退出运行。

（3）检查电容器有无外壳鼓肚、喷油及渗油现象。如鼓肚、渗漏油严重或喷油，应及时退出更换。

（4）电容器外壳应清洁，部件完整，引出端铜杆、瓷套管等不应松动，瓷套管应无裂纹、脱釉的现象。

（5）电容器外部是否有放电痕迹，内部是否有放电声或其他异常声响。

（6）检查接头是否发热，接地线是否牢固。

四、变频器维护保养

改变水泵转速的方式主要有两类：一类是改变电动机自身转速；另一类是通过电动机和水泵之间的传动机构调速。改变电动机转速的变速调节方式常采用变频调节，它具有调速效率高、调速范围宽、精度高、调速平滑等优点。这种变频调速方法无须涉及原有电动机及机组本身，安装地点可灵活处理，对生产影响很小。同时，由于变频调速无转差损耗，故其系统效率较高。目前变频技术已相当成熟，形成了完整的系列产品，得到了广泛应用。

异步电动机结构简单、运行可靠、维护方便、价格低廉，在小型泵站中得到广泛应用。异步电动机变频调节主要有三种方式：一是采用晶闸管直接变频；二是采用 GTO 直接变频；三是采用低压变频器串联变频。

变频器维护保养分日常维护与定期检查保养。

1. 日常维护与检查

连续运行的变频器可以从外部目视检查运行状态。定期对变频器进行巡视检查，检查变频器运行时是否有异常现象。

（1）变频器在显示面板上显示的输出电流、电压、频率等各种数据是否正常。

（2）变频器有无异常振动、声响，风扇运转是否正常，散热风道是否通畅。

（3）变频器运行中是否有故障报警显示。

（4）检查变频器交流输入电压是否超过最大值。

2. 定期检查保养

利用每年一次的大修时间，将检查重点放在变频器日常运行时无法巡视到的部位。

（1）检查变频器内部导线绝缘是否有腐蚀过热的痕迹及变色或破损等，如发现应及时进行处理或更换。

（2）变频器由于振动、温度变化等影响，螺钉等紧固部件往往松动，应将所有螺钉全部紧固一遍。

（3）检查冷却风扇运行是否完好，如有问题则应进行更换。冷却风扇的寿命受限于轴承，根据变频器运行情况需要 2～3 年更换一次风扇或轴承。检查时如发现异常声音、异常振动，同样需要更换。

（4）检查变频器绝缘电阻是否在正常范围内（所有端子与接地端子），注意不能用兆欧表对线路板进行测量，否则会损坏线路板的电子元器件。

（5）将变频器的 R、S、T 端子与电源端电缆断开，U、V、W 端子与电机端电缆断开，用兆欧表测量电缆每相导线之间以及每相导线与保护接地之间的绝缘电阻是否符合要求，正常时应大于 $1M\Omega$。

第六节　泵站综合自动化系统及其维护保养

泵站综合自动化系统包括数据的采集和设备运行状态监视、控制和调节，目的是为实现泵站正常运行的监视和操作，保证泵站的正常运行和安全。发生事故时，由继电保护和故障录波等完成瞬态电气量的采集、监视和控制，并迅速切除故障和完成事故后的恢复正常操作。综合自动化系统还包括电器设备本身的监视信息（如断路器、变压器和避雷器等的绝缘和状态监视等）。除了需要将泵站所采集的信息传送给运行管理中心和检修中心外，还要送给上一级指挥中心和管理单位的调度中心，以便为电气设备的监视和制订检修计划提供原始数据。

一、泵站综合自动化系统的要求

泵站综合自动化系统应能够进行泵站运行时机组、变压器的电量、非电量及运行状态的测量、信号采集、监督和报警，主要参数和主要事件顺序的记录、分析等处理，故障数据的记录和分析，机组起动、运行时的状态分析和辅机设备维修调试等工作，以及泵站经济运行分析和机组运行调度。

泵站综合自动化系统除具有计算机监测系统的功能外，还应能够对机组、变压器、泵站辅机设备、闸门等进行运行控制以及对机组、变电设备进行运行保护。

1. 泵站综合自动化系统监控功能

泵站综合自动化系统监控应能对泵站用变配电设备、主机组、辅助设备、水工建筑物的各种电量、非电量的运行数据及水情数据进行巡回检测、采集和记录，定时制表打印、存储、模拟图形显示。根据这些参数的给定限值进行监督、越限报警等。对特别重要的非电量参数（如推力轴瓦温度），还应该监视其变化趋势。应能够自动或者根据运行人员的指令，实时显示泵站主要设备的运行状态和参数、主要设备的操作流程、事故和故障报警信号及有关参数和画面。系统应该具有完善的通信功能，接收上级调度指令和向上级计算机传送泵站运行的各种数据；具有较强的容错能力、故障自诊断能力和故障恢复能力；提供用于泵站机组故障判断、调试和故障处理指导等的辅助工具；具有系统功能扩展能力和重组能力。

2．泵站综合自动化系统控制保护功能

泵站综合自动化控制系统应能根据泵站当时的运行状态，按照给定的控制模型或者控制规律对变配电设备、主机机组的起停、泵站辅助设备、节制闸等水工建筑物进行自动控制，也可根据泵站的需要对泵站实行远距离的调度和控制。泵站综合自动化控制系统的功能主要包括：变压器、电容器等的投入、退出控制；主机机组的起、停控制；泵站辅机设备的控制；机组上下游闸门和水利枢纽中的节制闸的控制等。

泵站综合自动化保护系统除满足传统的保护功能外，还应满足一些特殊功能或要求，如通信功能、远方整定功能、保护功能的远方投切、信号传输及复归功能、独立性等。

3．泵站综合自动化系统管理功能

泵站综合自动化管理系统应能根据上级的调度指令控制机组的运行，根据泵站当前的水位数据，按照经济运行模型控制机组的运行，统计并分析泵站阶段运行的情况，形成报表，通过通信线路向上报告。管理系统的功能包括与测量有关的管理、与控制有关的管理、与保护有关的管理及其他管理等。

二、泵站综合自动化系统的数据采集、传输

泵站综合自动化系统的数据采集、传输主要包括泵站数据采集系统、模拟量采集系统、开关量采集系统、温度量采集系统、电能量采集系统等。

三、泵站综合自动化系统的视频监视

1．视频监视对象

应对泵站上游、下游、每台机组的不同部位、断流装置、拦污栅、清污机、启闭机房、主要辅助设施和重要电气设备、周边设施和水工建筑物

等设置视频摄像装置。其中除每台机组的闸门和启闭机房外，应使用云台和变焦镜头。

2. 视频录像

视频监视系统中应设置录像机，用于对泵站运行情况进行必要的视频记录。

3. 视频图像的显示与控制

在泵站本地视频监控主机上应可对视频图像进行直接控制，在局域网内的计算机上和远程有权客户机上亦可进行显示和控制。

对视频图像的控制内容应包括画面的分割、画面的切换、云台的转动、焦距的调节、光圈的调节、像距的调节等。远程客户机与泵站闸视频主机之间应通过视频控制数据库来交换控制信息。

四、泵站综合自动化系统的维护保养

泵站综合自动化系统的维护可分为日常维护、预防维护和故障维护。

1. 日常维护

系统的日常维护是综合自动化系统稳定高效运行的基础，主要的维护工作如下：

（1）完善综合自动化系统管理制度。

（2）保证空调设备稳定运行，保证室温变化小于±5℃/h，避免由于温度、湿度急剧变化导致在系统设备上出现凝露。

（3）尽量避免电磁场对系统的干扰，避免移动运行中的操作站、显示器等，避免拉动或碰伤设备连接电缆和通信电缆等。

（4）注意防尘，现场与控制室合理隔离，并定时清扫，保持清洁，防止粉尘对元件运行及散热产生不良影响。

（5）检查控制主机、显示器、鼠标、键盘等硬件是否完好，实时监控工作是否正常。

（6）系统通电后，通信接头不能与机柜等导电体相碰，互为冗余的通信线与通信接头不能碰在一起，以免烧坏通信网卡。

2. 预防维护

有计划地进行主动性维护，保证系统运行稳定可靠，运行环境良好。及时检测更换元器件，消除隐患。每年应利用大修进行一次预防性的维护，掌握系统运行状态，消除故障隐患。大修期间对综合自动化系统应进行彻底地维护，内容包括系统供电线路检修、接地系统检修、现场设备检修，具体做法可参照有关设备说明书。大修后系统维护负责人应确认条件具备方可通电，并应严格遵照通电步骤。

3. 故障维护

对于系统使用者自身进行的日常维护，维护人员应对系统维护技术难度和可操作性有一定的认识，了解应具备的维护工具，明确哪些工作能自己完成，做到心中有数，出现问题要及时制定可行的维护方案。对综合自动化系统故障维护的关键是快速、准确地判断出故障点的位置。当出现较大规模的硬件故障时，最大的可能是由于综合自动化系统环境维护不力而造成的系统运行故障，除当时采取紧急备件更换和系统清扫工作外，还要及时和厂家取得联系，由厂家专业人员进一步确认和排除故障。

对于综合自动化系统的维护工作，关键是要做到预防第一。作为系统维护人员应根据系统配置和生产设备控制情况，制定科学、合理、可行的维护策略和方式方法，做到预防维护、日常维护紧密配合，进行系统地、有计划地、定期地维护，保证系统良好运行。

第六章

安全管理

第一节　安全管理的基本要求

　　泵站运行安全工作应有专人管理，如有需要，乡镇水管站可派人参与运行。泵站的安全管理就是贯彻执行"安全第一"的安全生产活动基本方针，遵守国家有关安全生产的法律、法规、规程、标准和规范，预防为主，综合治理，加强安全教育，做好安全预防工作和安全检查工作，及时消除事故隐患，保证工程安全运行。

　　泵站管理单位应建立、健全安全管理组织网络，制订相关的安全管理规章制度，完善安全生产责任制，明确安全生产责任。各泵站至少应落实一名安全员，涉及安全的相关规章制度如安全管理制度、运行值班制度、事故应急处理制度及预案、安全保卫制度、安全防火制度等内容应上墙，以时刻提醒运行管理人员。

　　泵站管理范围内应设置安全警示标志和必要的防护设施，以防止事故发生。泵站运行、检修中应根据现场实际情况采取防触电、防高空坠落、防机械伤害和防起重伤害等措施。应定期检查消防设施，保证消防设施处于完好、有效状态。泵站主要设备的操作应严格按照操作规程进行，工作人员进入现场检修、安装和试验等应首先做好安全准备工作。泵站管理单位应根据泵站工程特点制定防洪预案，按防汛的有关规定做好防汛抢险技术和物料准备。

　　一旦发生事故应及时向上级报告，严禁漏报、瞒报，并配合相关部门进行事故调查。对于不重视安全生产、工作不负责、不遵守纪律、违反操作规程，以致造成事故或扩大事故，或者事故后隐瞒事故真相者，应分情况进行严肃处理，直至追究刑事责任。

第二节 安全用具和触电急救

一、安全用具

根据工作需要，泵站应备有各种合格的安全用具、防护用具和消防器材，并应加强管理，定期进行检查试验。在工作过程中，应根据现场情况正确选用安全用具。

各种安全用具都应编号并放置在使用方便的固定地点，且排放有序。安全用具的清点检查应作为交接班的内容之一，安全用具不准外借，也不准把安全用具当作一般工具使用。各种安全用具的绝缘性能、结构和尺寸，均应符合规定。使用前应仔细检查是否良好，定期检查后应有合格标签，损坏的应及时更换。应加强安全用具的日常保养，注意防止过冷过热、酸碱、油污和其他有刺物件对安全用具的破坏，要保持干燥、清洁，防止脏污。工作现场除检修工作需用外，不得存放易燃易爆物品、有毒物品和酸碱物品等，上述物品应放置在专门场所，并由专人按规定要求负责管理。

二、触电急救

泵站每个运行管理人员应参加急救培训，了解急救知识，熟练掌握急救要领。

发生触电后，首先应立即切断电源，确保伤者脱离带电物体并立即报警。如电源开关离现场太远或仓促间找不到电源开关时，则应用干燥的木器、竹竿、扁担等不导电物体将病人与电线或电器分开，或用木制长柄的刀斧砍断带电电线。救助者切勿用手直接推拉、接触或用金属器具接触病人，以保自身安全。

如触电者脱离电源后神志清醒，呼吸、心跳较为正常，应让触电者就地平卧，严密观察，等待救援或及时送医院进行进一步的检查。

如触电者脱离电源后意识丧失，心跳、呼吸微弱甚至没有时，应立即将触电者仰卧在平地或木板上，头向后仰，松解影响呼吸的上衣领口和腰带，立即进行口对口人工呼吸和胸外心脏按压。

实施人工呼吸或胸外心脏按压抢救方法时，可以几个人轮流进行，但万万不可轻易中断，应做到触电者能自动呼吸并清醒过来，或等到急救医生赶到后交医生处理。特殊情况如需自行送医院急救，在送往医院的途中仍必须坚持上述救护，直至交给医生。

第三节　安　全　操　作

一、安全操作要求

（1）运行操作人员应思想集中，在未经测电笔确定电气线路无电前，应一律视为"有电"，不可用手触摸。

（2）工作前应详细检查自己所用工具是否安全可靠，穿戴好必须的防护用品，以防工作时发生意外。

（3）维修电气设备时要采取必要的安全措施，在开关把手上或线路上悬挂"有人工作、禁止合闸"的警告牌，防止他人中途送电。

（4）使用测电笔时要注意测试电压范围，禁止超出范围使用，电工人员一般使用的试电笔，只准在500V以下电压使用。

（5）工作中所有拆除的电线要处理好，带电线头要包好，以防发生触电。

（6）所用导线及熔丝，其载流量必须合乎规定标准，选择开关时必须大于所控制设备的总容量。

（7）维修工作完毕后，必须拆除临时地线，并检查是否有工具等物遗忘在线路上。

（8）送电前必须认真检查，符合要求方能送电。

（9）电气操作必须由两人进行，一人操作、一人监护。

（10）发生火警时，应立即切断电源，用四氯化碳粉质灭火器或黄沙扑救，严禁用水扑救。

二、用电安全操作程序

1. 高压线路停送电操作顺序

断电操作顺序为：断开低压各分路空气开关—断开低压刀开关—断开

低压总进线开关—断开高压断路器—断开高压隔离开关。送电操作顺序与断电操作顺序相反。

2. 水泵机组开停机操作顺序

停机操作顺序为：断开各台水泵机组空气开关—断开各台水泵机组刀开关—断开低压总开关。开机操作顺序与停机操作顺序相反。

参 考 文 献

[1] 张德利. 泵站运行与管理 [M]. 南京：河海大学出版社，2006.

[2] 刘超. 水泵及水泵站 [M]. 北京：科学技术文献出版社，2003.

[3] 周济人. 农村水利技术 [M]. 南京：河海大学出版社，2012.

[4] 葛强. 泵站电气设备 [M]. 北京：现代教育出版社，2008.

[5] 葛强. 泵站电气继电保护及二次回路 [M]. 北京：中国水利水电出版社，
     2010.

[6] 中国国家标准化管理委员会. GB/T 30948—2014 泵站技术管理规程 [S].
     北京：中国质检出版社，2014.